高等职业教育药学类与食品药品类专业第四轮教材

无机化学学习指导

（供中药学、药学、制药工程、化工及食品类相关专业使用）

主　编　张一帆
副主编　蒋　文
编　委　吴　瑞　周广芬　李志刚

中国健康传媒集团
中国医药科技出版社

内容提要

本教材是“高等职业教育药学类与食品药品类专业第四轮教材”之一，是《无机化学》的配套学习用书。为方便学生复习和练习，各章节内容编排次序与理论教材同步，命题范围与现行全国高等职业院校教学大纲相关要求配套教材内容一致，考察知识点由易到难，满足专升本学生升学需求。全书共10章，均设有知识导航、重难点解析、补充习题及参考答案等；教材后精选5套综合测试试题并附有参考答案，供学生练习巩固所学知识。

本教材不仅可供学生自我测试学习效果，还可作为各类考试的备考资料。

图书在版编目（CIP）数据

无机化学学习指导/张一帆主编.—北京：中国医药科技出版社，2021.12

高等职业教育药学类与食品药品类专业第四轮教材

ISBN 978-7-5214-2532-1

Ⅰ.①无… Ⅱ.①张… Ⅲ.①无机化学-高等职业教育-教学参考资料 Ⅳ.①O61

中国版本图书馆CIP数据核字（2021）第129620号

美术编辑 陈君杞

版式设计 友全图文

出版 **中国健康传媒集团** | 中国医药科技出版社

地址 北京市海淀区文慧园北路甲22号

邮编 100082

电话 发行：010-62227427 邮购：010-62236938

网址 www.cmstp.com

规格 889×1194mm $^{1}/_{16}$

印张 6 $^{3}/_{4}$

字数 183千字

版次 2021年12月第1版

印次 2021年12月第1次印刷

印刷 三河市航远印刷有限公司

经销 全国各地新华书店

书号 ISBN 978-7-5214-2532-1

定价 35.00元

出版说明

“全国高职高专院校药学类与食品药品类专业‘十三五’规划教材”于2017年初由中国医药科技出版社出版，是针对全国高等职业教育药学类、食品药品类专业教学需求和人才培养目标要求而编写的第三轮教材，自出版以来得到了广大教师和学生的好评。为了贯彻党的十九大精神，落实国务院《国家职业教育改革实施方案》，将“落实立德树人根本任务，发展素质教育”的战略部署要求贯穿教材编写全过程，中国医药科技出版社在院校调研的基础上，广泛征求各有关院校及专家的意见，于2020年9月正式启动第四轮教材的修订编写工作。在教育部、国家药品监督管理局的领导和指导下，在本套教材建设指导委员会专家的指导和顶层设计下，依据教育部《职业教育专业目录（2021年）》要求，中国医药科技出版社组织全国高职高专院校及相关单位和企业具有丰富教学与实践经验的专家、教师进行了精心编撰。

本套教材共计66种，全部配套“医药大学堂”在线学习平台，主要供高职高专院校药学类、药品与医疗器械类、食品类及相关专业（即药学、中药学、中药制药、中药材生产与加工、制药设备应用技术、药品生产技术、化学制药、药品质量与安全、药品经营与管理、生物制药专业等）师生教学使用，也可供医药卫生行业从业人员继续教育和培训使用。

本套教材定位清晰，特点鲜明，主要体现在如下几个方面。

1. 落实立德树人，体现课程思政

教材内容将价值塑造、知识传授和能力培养三者融为一体，在教材专业内容中渗透我国药学事业人才必备的职业素养要求，潜移默化，让学生能够在学习知识同时养成优秀的职业素养。进一步优化“实例分析/岗位情景模拟”内容，同时保持“学习引导”“知识链接”“目标检测”或“思考题”模块的先进性，体现课程思政。

2. 坚持职教精神，明确教材定位

坚持现代职教改革方向，体现高职教育特点，根据《高等职业学校专业教学标准》要求，以岗位需求为目标，以就业为导向，以能力培养为核心，培养满足岗位需求、教学需求和社会需求的高素质技能型人才，做到科学规划、有序衔接、准确定位。

3. 体现行业发展，更新教材内容

紧密结合《中国药典》（2020年版）和我国《药品管理法》（2019年修订）、《疫苗管理法》（2019年）、《药品生产监督管理办法》（2020年版）、《药品注册管理办法》（2020年版）以及现行相关法规与标准，根据行业发展要求调整结构、更新内容。构建教材内容紧密结合当前国家药品监督管理法规、标准要求，体现全国卫生类（药学）专业技术资格考试、国家执业药师职业资格考试的有关新精神、新动向和新要求，保证教育教学适应医药卫生事业发展要求。

4. 体现工学结合，强化技能培养

专业核心课程吸纳具有丰富经验的医疗机构、药品监管部门、药品生产企业、经营企业人员参与编写，保证教材内容能体现行业的新技术、新方法，体现岗位用人的素质要求，与岗位紧密衔接。

5. 建设立体教材，丰富教学资源

搭建与教材配套的“医药大学堂”（包括数字教材、教学课件、图片、视频、动画及习题库等），丰富多样化、立体化教学资源，并提升教学手段，促进师生互动，满足教学管理需要，为提高教育教学水平和质量提供支撑。

6. 体现教材创新，鼓励活页教材

新型活页式、工作手册式教材全流程体现产教融合、校企合作，实现理论知识与企业岗位标准、技能要求的高度融合，为培养技术技能型人才提供支撑。本套教材部分建设为活页式、工作手册式教材。

编写出版本套高质量教材，得到了全国药品职业教育教学指导委员会和全国卫生职业教育教学指导委员会有关专家以及全国各相关院校领导与编者的大力支持，在此一并表示衷心感谢。出版发行本套教材，希望得到广大师生的欢迎，对促进我国高等职业教育药学类与食品药品类相关专业教学改革和人才培养作出积极贡献。希望广大师生在教学中积极使用本套教材并提出宝贵意见，以便修订完善，共同打造精品教材。

建设指导委员会

评审委员会

前言

无机化学是高等职业院校药学类与食品药品类相关专业学生学习的第一门专业基础课，课程内容与高中化学知识相衔接，具有承上启下作用，它是培养专业人才的整体知识结构和能力结构的重要组成部分，同时也是后继各专业课和实践课程的基础。本课程教学对于学生专业知识体系的构建、自主学习意识的培养、综合素质的训练都有至关重要的作用。在多年的教学实践中，我们深切体会到习题的设计和演算对于无机化学基本知识的掌握，学生自主学习能力的培养十分重要。《无机化学学习指导》是“高等职业教育药学类与食品药品类专业第四轮教材”《无机化学》的配套教学用书。本教材编写目的是使学生在课堂学习之后，复习、巩固和强化所学知识，为自我测试学习效果，参加各类考试提供参考。

本教材在编写过程中，始终坚持“三基”“五性”“三特定”的基本原则，以基本知识、基本理论、基本技能作为主体框架，确保内容的科学性、系统性、合理性、适用性和精练性，同时也充分兼顾学生自我拓展知识能力的培养、自主学习意识的训练和课后学习能力的提升。教材的编排次序与相应教材同步，并尽量覆盖较多知识点。全书共 10 章，均设有知识导航、重难点解析、补充习题及参考答案，同时书后还精选了 5 套综合测试试题并附有答案，方便学生复习和测试学习效果。

本学习指导在编写过程中得到高等职业教育药学类与食品药品类专业第四轮教材建设指导委员会的指导和《无机化学》所有编者的支持和帮助。本教材由山东药品食品职业学院张一帆担任主编，周广芬、吴瑞、李志刚协助资料收集整理，重庆医药高等专科学校蒋文老师担任副主编，负责审稿、统稿工作，在此一并深表感谢！

本教材可供高等职业教育院校药学、中药学、制药工程、化工类、食品类等专业师生教学使用，也可供专升本、自学考试学生备考使用。

鉴于受编者学识水平所限，书中难免存在疏漏与不足之处，恳请广大读者批评指正。

编　者

2021 年 9 月

目录

CONTENTS

第一章 绪 论

学习目标

1. **掌握** 无机化学的学习方法。
2. **熟悉** 无机化学的研究对象和主要内容。
3. **了解** 化学与医药、食品和健康生活的关系。

一、知识导航

- 绪论
  - 无机化学的研究内容和发展趋势
    - 研究内容
    - 发展趋势
  - 无机化学与医药、食品和健康生活
    - 无机化学与医药
    - 无机化学与食品
    - 无机化学与健康生活
  - 无机化学的学习方法
    - 课前自主学习
    - 课中知识内化
    - 课后巩固练习
  - 实训须知和操作指导
    - 常用仪器介绍
    - 玻璃仪器的洗涤和干燥

二、重难点解析

1. 什么是化学，化学学科有哪些分支学科，化学家的工作是什么？

化学是一门研究物质的结构、组成、性质及其变化规律的科学；它在原子和分子水平上，研究物质间的变化规律和变化过程中的能量关系。

化学研究的范围极其广阔，按研究的对象或研究的目的不同，可将化学学科分为无机化学、有机化学、分析化学、物理化学和高分子化学等五大分支学科。化学家的工作有：研究并试图了解自然界；创造自然界不存在的新物质和完成化学变化的新途径。

2. 简述无机化学的发展历史？

无机化学是化学学科中发展最早的分支学科，最初化学研究的大多是无机物，可以说化学的发展史也就是无机化学的发展史。根据化学发展的特征，可分为如下三个时期。

（1）古代及中古时期（17 世纪中叶以前） 以实用为目的，化学知识来源于具体工艺过程的经验，具有实用性、经验性和零散性的特点。在这一时期，化学作为一门科学尚未诞生。

（2）近代化学时期（17 世纪后半叶到 19 世纪末） 涉及元素概念的提出、燃烧的氧化理论、原子学说、元素周期律、无机化学等化学分支学科的形成等。

（3）现代化学时期（20 世纪以来） 这是一个丰收期，无论在化学的理论、研究方法、实验技术以及应用等方面都发生了深刻的变化。涉及内容有微观粒子运动规律、原子和分子结构的本质揭示、形成交叉学科如生物化学、环境化学、材料化学、有机化学、药物化学等。

3. 无机化学与医药学有什么联系？

无机化学与医药学是相互关联的。早在 16 世纪，瑞士的医学家化学家帕拉塞尔斯认为：“化学的目的不是为了制造金子和银子，而是为了制造药剂。”我国明朝医学家李时珍在其巨著，《本草纲目》中列出中药材、矿物药 1892 种，并附有制备方法和性质，对世界医药学、化学的发展产生深远影响。目前在新药开发中，以无机物为主的制剂也大量出现，如在无机化学与生物学的交叉中逐渐形成了生物无机化学（bioinorganic chemistry），主要研究具有生物活性的金属离子（含少数非金属）及其配合物的结构－性质－生物活性之间的关系以及在生命环境内参与反应的机制，开发的抗肿瘤药物如顺铂等。药物无机化学是近十多年来十分活跃的一个学科。

4. 我国从古至今对无机药物的研究包括哪些领域？

无机化学与药物联系紧密，从最早的药学专著《神农本草经》中将无机矿物药应用于治疗疾病以来，大量的无机药物相继出现。主要包括简单无机化合物药物、金属配合物药物。如：碳酸氢钠、乳酸钠、生理盐水、溴化钠、无水硫酸钠、氯化钾、碘化钾、一氧化氮等。直至现在，随着科技的发展和医疗水平的提高，矿物类中药的研究逐渐深入，涉及内容广泛，包括药物的成分、理化性质、质量标准、炮制方法、配伍和剂型等，尤其是对矿物药治病物质基础的研究，在实际应用和理论探索方面有着重要的意义。如医学上用 Ca-EDTA 作为治疗职业性铅中毒和人体内 U、Th、Pu 等放射性元素的高效解毒剂。铂、金、锑、锡、钒、硒、锗等的配合物在抗癌金属配合物中占重要地位，如顺铂、卡铂等一系列铂的配合物已用于临床肿瘤治疗。

目前，人们正在研究金、汞、砷化合物的药理、毒理作用，以及如何通过化合物改造、制剂优化等方法解决活性和毒性的矛盾，有可能改变医学界对重金属药物认识上的片面性，开拓新型无机药物。

三、补充习题

（一）填空题

1. 化学是在________水平上研究物质的________、________、________及其________的科学。

2. 无机化学是研究________的化学。

3. 化学历史的发展可分为________、________和________三个时期。

4. 人体的生命活动如呼吸、消化、排泄、循环以及各种器官的活动等，都是由体内的________促成的。

5. 研究生命活动的生物化学就是从________、________和生理学发展起来的。

6. 药物的药理作用与药物的________和________有关。

7. 我国率先合成了具有生物活性的蛋白质________和________并完成了________的测定，在人类揭开生命奥秘的历程中向前迈进了一大步。

（二）简答题

1. 化学的主要分支学科有哪些？
2. 近代化学时期的重大发现有哪些？
3. 简述化学与医学科学的关系。

四、参考答案

（一）填空题

1. 原子和分子；组成；结构；性质；变化规律
2. 无机物的组成、结构、性质和无机化学反应与过程
3. 古代及中古时期（17 世纪中叶以前）；近代化学时期（17 世纪后半叶到 19 世纪末）；现代化学时期（20 世纪以来）
4. 化学变化
5. 无机化学；有机化学
6. 化学结构；化学性质
7. 结晶牛胰岛素；酵母丙氨酸转移核糖酸；猪胰岛素晶体结构

（二）简答题

1. 化学是人类用以认识和改造物质世界的主要方法和手段，由于其研究的范围非常广泛，依照所研究的粒子、手段、目的和任务的不同，可以分为无机化学、有机化学、分析化学、物理化学和生物化学等。

2. 近代化学时期的重大发现有：1661 年玻意耳（Boyle R）提出科学元素说；1777 年拉瓦锡（Lavoisier A. L）提出了燃烧的氧化学说；1803 年道尔顿（Daton J）提出原子论、1827 年建立了原子论；1811 年，阿伏伽德罗（Avogadro A）提出分子假说；1869 年门捷列夫提出元素周期律。

3. 化学和医学的关系十分密切。人体的一切生理现象都和体内的化学变化有关；药物的药理作用与药物的化学结构和化学性质有关；通过化学反应能够帮助诊断疾病。此外，在医护工作中经常遇到药物浓度的计算和药物溶液的配制，要求医护人员不但要懂得给药途径和方法，还要懂得药物的物理性质和化学性质等；与健康有关的环境问题、预防医学和卫生监测等，均涉及丰富的化学知识。

第二章　溶　液

学习目标

1. **掌握**　溶液浓度的表示方法；物质的量浓度、质量浓度、质量摩尔浓度及溶液浓度的有关计算。

2. **熟悉**　稀溶液的依数性及其应用。

3. **了解**　了解渗透压的生理意义。

考核知识点

1. 溶液浓度的表示方法；物质的量浓度、质量浓度的计算。

2. 溶液的蒸气压下降；溶液的沸点升高；溶液的凝固点降低及其应用；溶液的渗透压及其生理意义。

一、知识导航

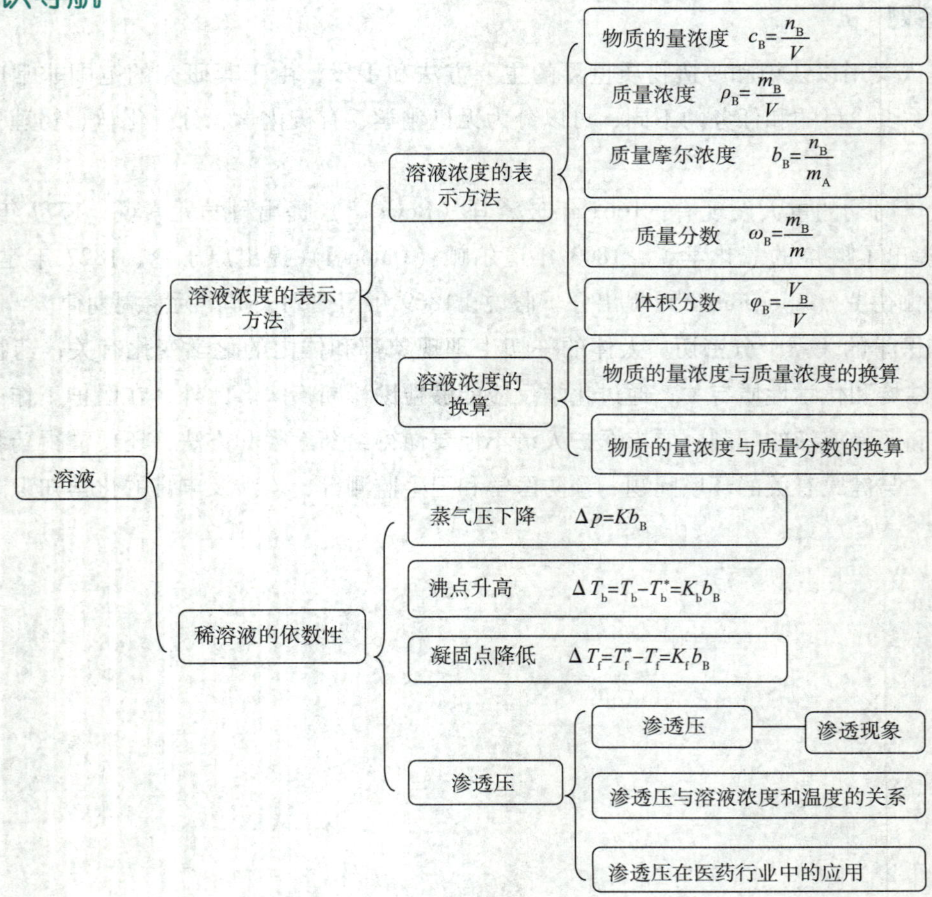

二、重难点解析

1. 浓度的表示方法如何分类？请简要说明。

浓度的表示方法分为两大类：一类是用一定体积溶液中所含溶质的量来表示，如 c_B、ρ_B、φ_B，配制这类浓度的溶液较为方便，但因体积受温度影响，从而浓度数值也受温度影响；另一类是用溶液中所含溶质与溶剂的相对量来表示，如 b_B、ω_B，这类浓度数值不受温度影响，但配制不便。

2. 什么是稀溶液的依数性？是否都可以用来测定溶质摩尔质量？请简要说明。

稀溶液与纯溶剂相比某些物理性质会有所变化如蒸气压下降、凝固点降低、沸点升高和存在渗透压，这些性质与溶质的本性无关，只与单位体积的粒子数目有关，且只适用于稀溶液，所以将这些性质统称为稀溶液的依数性。

四种依数性均可用于测定溶质的摩尔质量。大多数溶剂的摩尔凝固点降低常数 K_f 大于摩尔沸点降低常数 K_b（$K_f > K_b$），对同一溶液来说，其凝固点降低值比沸点升高值大，实验误差较小，应用更广。

主要原因：沸点法和蒸气压法通常都需要对溶液进行加热，较高温度下溶质可能遭受破坏或者变性，溶剂挥发也会导致浓度发生变化，从而产生较大的误差。而凝固点降低法是在低温下进行的，不会有上述问题。另外，直接测定渗透压比较困难，对于挥发性溶质，测定摩尔质量不能用沸点法或蒸气压法，只能用凝固点降低法。鉴于上述原因，在测定溶质的摩尔质量时，凝固点降低法应用最广。溶液的渗透压特别适用于测定高分子化合物的摩尔质量。

3. 稀溶液的四种依数性之间有何联系？请加以说明。

沸点升高、凝固点降低和渗透压等性质的起因均与溶液的蒸气压下降有关，它们之间可以通过浓度联系起来：

$$b_B = \frac{\Delta p}{m_A} = \frac{\Delta T_b}{K_b} = \frac{\Delta T_f}{K_f} = \frac{\pi}{RT}$$

4. 相同质量的乙醇、甘油、葡萄糖和蔗糖分别溶于 100ml 水中，将这几种溶液以相同速度降温冷冻，最先结冰和最后结冰的分别是哪个？如果换成相同物质的量的乙醇、甘油、葡萄糖和蔗糖，结果又怎样？请加以说明。

最先结冰的是蔗糖溶液，最后结冰的是乙醇溶液。因乙醇、甘油、葡萄糖和蔗糖的摩尔质量分别为46g/mol、92g/mol、180g/mol、342g/mol，乙醇摩尔质量最小，则其质量摩尔浓度最大，凝固点下降最多，溶液凝固点最低，故最后结冰。蔗糖摩尔质量最大，则其质量摩尔浓度最小，凝固点下降最少，溶液凝固点最高，故最先结冰。如溶质物质的量相同，则溶液的质量摩尔浓度相同，凝固点下降值相同，同时结冰。

5. 用质量摩尔浓度和物质的量浓度表示物质的浓度时，各有何优缺点？

质量摩尔浓度 b_B表示的是一定质量的溶剂中所含溶质的物质的量，这种表示法的优点是浓度数值不受温度影响，缺点是配制不便；物质的量浓度 c_B表示的是一定体积的溶液中所含溶质的物质的量，其优点是配制方便，缺点是体积受温度影响，从而浓度数值也受温度影响。

6. 试解释含盐与醋的莴苣沙拉于数小时内即可软化的原因。

细胞膜是一种渗透膜。莴苣细胞膜外为高渗溶液，膜内渗透压小于膜外，细胞膜内细胞液向膜外渗透，使细胞萎缩，即莴苣会软化。

三、补充习题

（一）单项选择题

1. SO_4^{2-} 的摩尔质量是________。

A. 96g　B. 48g/mol　C. 96g/mol　D. 98g/mol

2. 1mol 水蒸气、1mol 液态水和 1mol 冰各自所含的分子个数________。

A. 一定相等　B. 水蒸气含 H_2O 分子多

C. 液态水含 H_2O 分子多　D. 冰中含 H_2O 分子多

3. 20℃时，100g 水最多能溶解 36g 氯化钠，那么 50g 饱和氯化钠溶液的质量分数是________。

A. 0.36　B. 0.18　C. 0.265　D. 0.728

4. 将 6.93g 纯草酸晶体（$H_2C_2O_4 \cdot 2H_2O$）溶于水制成 500ml 的水溶液，此溶液的物质的量浓度是________。

A. 0.011mol/L　B. 0.015mol/L　C. 0.022mol/L　D. 0.11mol/L

5. 质量分数为 0.70，密度为 1.56g/ml 的 NaOH（摩尔质量 40g/mol）溶液的物质的量浓度（mol/L）是________。

A. 30.2　B. 27.3　C. 17.9　D. 16.8

6. 0.5L 生理盐水中，氯化钠的物质的量是________。

A. 7.7×10^{-7}mol　B. 1.54×10^{-3}mol　C. 7.7×10^{-2}mol　D. 0.154mol

7. 稀溶液的依数性是________。

A. Δp、T_b、T_f、$\Delta\pi$　B. Δp、ΔT_b、ΔT_f、$\Delta\pi$

C. p、T_b、T_f、$\Delta\pi$　D. p、ΔT_b、ΔT_f、$\Delta\pi$

8. 在四份质量相等的水中，分别加入相等质量的下列物质，水溶液凝固点最低的是________。

A. 葡萄糖（$C_6H_{12}O_6$）　B. 蔗糖（$C_{12}H_{22}O_{11}$）

C. 核糖（$C_5H_{10}O_5$）　D. 尿素［$CO(NH_2)_2$］

9. 配制质量分数为 0.25 的硫酸锌滴眼液 100ml，需________硼酸（H_3BO_3）才能使溶液等渗。

A. 1.91g　B. 2.98g　C. 3.01g　D. 2.59g

10. 把 200ml $\Phi_B = 0.25$ 的乙醇配制成药用消毒酒精，需加 $\Phi_B = 0.95$ 的乙醇体积是________。

A. 200ml　B. 250ml　C. 400ml　D. 500ml

11. 溶剂透过半透膜进入溶液的现象称为________。

A. 扩散　B. 渗透　C. 溶解　D. 层析

12. 临床上使用的 1mol/L 的乳酸钠（$C_3H_5O_3Na$）注射液的质量浓度是________。

A. 11.2g/L　B. 112g/L　C. 224g/L　D. 22.4g/L

13. 下列各组溶液属于等渗溶液的是________。

A. 9g/L 葡萄糖和 9g/L 氯化钠溶液　B. 0.5mol/L 葡萄糖和 0.5mol/L 尿素溶液

C. 50g/L 葡萄糖和 50g/L 氯化钠溶液　D. 200mmol/L 尿素和 200mmol/L 氯化钠溶液

14. 若将某高于药典规范浓度的生理盐水注入血管，将导致________。

A. 血红细胞中部分水渗出细胞　B. 血液中部分水渗入血红细胞内

C. 溶血现象　　　　D. 内外相等的渗透

15. 将5.0g某物质溶于100g苯中，测得该溶液的凝固点5.0℃，则该物质的摩尔质量（g/mol）是[（纯苯的凝固点5.53℃，K_f=5.10(K·kg)/mol] ________。

A. 120　　B. 481　　C. 157　　D. 422

（二）多项选择题

16. 1mol任何气体所占的体积都约为22.4L，不符合条件的是________。

A. 常温下　　B. 标准状态下　　C. 常温常压下

D. 低温低压下　　E. 任何条件下

17. 阿伏伽德罗定律不适用于________物质。

A. 溶液　　B. 固态　　C. 液态

D. 气态　　E. 任何状态

18. 下列物质中，1mol化合物的质量为28g的是________。

A. CO　　B. N_2　　C. CO_2

D. NO　　E. C_2H_4

19. 下列氯化钠溶液与人体血浆等渗的是________。

A. 0.1mol/L　　B. 1.8g/L　　C. 0.154mol/L

D. 9g/L　　E. 0.4mol/L

20. 渗透浓度表示________。

A. 溶液的组成　　B. 溶液的温度　　C. 溶液的密度

D. 溶液的浓度　　E. 溶液的渗透压

21. 有关稀溶液依数性叙述正确的是________。

A. 只取决于溶质的粒子数而与溶质的本性无关

B. 稀溶液依数性共有：蒸气压下降、沸点升高和凝固点降低

C. 沸点升高、凝固点降低和渗透压的起因均与溶液的蒸气压下降有关

D. 非电解质的稀溶液不一定都遵守依数性规律

E. 稀溶液的蒸气压下降是因为溶液的部分表面被难挥发的溶质粒子占据，在单位时间内逸出液面的溶剂分子数减少

22. 下列哪几种溶液的浓度表示方法与溶液温度无关________。

A. 质量摩尔浓度　　B. 摩尔分数　　C. 物质的量浓度

D. 质量分数　　E. 体积分数

23. 配制2L浓度为1.0mol/L的HCl溶液，下列操作正确的是________。

A. 取332ml质量分数为0.20，密度为1.10g/ml的盐酸稀释配制

B. 取570ml质量分数为0.10，密度为1.30g/ml的盐酸稀释配制

C. 取550ml 1.0mol/L的稀盐酸与240ml 6.03mol/L的稀盐酸混合稀释配制

D. 取550ml 1.0mol/L的稀盐酸与550ml 6.03mol/L的稀盐酸混合稀释配制

E. 取450ml 2.0mol/L的稀盐酸与650ml 4.03mo/L的稀盐酸混合稀释配制

24. 下列现象与渗透压有关的是________。

A. 冬季在汽车水箱中加入甘油　　B. NaCl易溶于水

C. 用食盐腌制蔬菜进行储藏　　D. 盐碱地的农作物长势不良，甚至枯萎

E. 红细胞置于蒸馏水中会发生破裂

25. 下列哪些物质在水中溶解度较好________。

A. 甲醇　　B. 乙醇　　C. $AgNO_3$

D. 苯　　E. $PbCl_2$

(三) 判断题

1. 摩尔是物质的量的单位。(　　)
2. 硫酸的摩尔质量为 98。(　　)
3. 在标准状态下，气体的体积都约为 22.4L。(　　)
4. 阿伏伽德罗定律只能适用于气体物质。(　　)
5. 在一定温度下，饱和溶液一定是浓溶液。(　　)
6. 临床上用的生理盐水是指浓度为 0.154mol/L 的氯化钠溶液。(　　)
7. 摩尔质量相同的任何气体物质，其密度必然相同。(　　)
8. 溶液的稀释是指溶液的体积增大，浓度变小的过程。(　　)
9. 渗透压相等的两种溶液就是等渗溶液。(　　)
10. 渗透压的大小与溶液中溶质的颗粒大小有关。(　　)
11. 非电解质稀溶液的依数性包括溶液的沸点降低。(　　)
12. 冰置于 273K 的盐水中，冰会逐渐融化为水。(　　)
13. 凝固点下降常数 K_f 的数值主要与溶剂有关。(　　)
14. 渗透的方向是从高渗溶液往低渗溶液进行。(　　)
15. 将 98g H_2SO_4 溶于 1L 水中，此溶液的物质的量浓度是 1mol/L。(　　)

(四) 填空题

1. 根据实验测定，0.012kg ^{12}C 中所含原子数目是________个，这个数称为________常数。

2. 已知水的相对分子质量为 18，则 90g 水相当于________ mol，含有________个水分子。

3. 在标准状态下，气体体积主要决定于分子间的________，而液体或固体主要决定于分子的________，不同气体分子间的平均距离几乎是________的，所以它们都约是________ L/mol。

4. 正常人血浆中每 100ml 含 Na^+ 0.326g，计算血浆中 Na^+ 的物质的量浓度________。

5. 按照《中国药典》规定，注射用生理盐水的规格时 0.5L 生理盐水含 NaCl 4.5g，问生理盐水的质量浓度是________ g/L。

6. 非电解质稀溶液的依数性包括________、________、________和________。

7. 渗透现象发生需满足的基本条件是________和________。

8. 临床上规定，渗透浓度在________ mmol/L 的溶液为等渗溶液，大量向体内输入 35g/L 葡萄糖溶液，易造成________现象。

9. 物质的量浓度相同的葡萄糖溶液、蔗糖溶液、尿素溶液和 $CaCl_2$ 溶液，渗透压最大的是________。

(五) 综合问答题

1. 怎样配制 500ml 6mol/L 的稀硫酸溶液？

2. 乙二醇与甘油哪种用作防冻剂更好？加以说明。（乙二醇的沸点 197.85℃，甘油的沸点是 290.9℃）。

3. 血细胞在 3mol/L 的盐水中会逐渐萎缩，试分析其原因。

（六）计算题

1. 在标准状态下，336L 的 HCl 气体被 1500ml 的水完全吸收（设吸收后溶液体积不变），试求：

（1）此 HCl 溶液的物质的量浓度 c_B。

（2）此 HCl 溶液的质量浓度 ρ_B

2. 某制剂室每月生产 5 批 9g/L 的生理盐水，每批 600 瓶，每瓶 500ml，问：

（1）每月消耗 NaCl 多少 kg？

（2）该 NaCl 溶液的物质的量浓度为多少 mmol/L

（3）该 NaCl 溶液的渗透浓度是多少 mOsm/L

3. 115g 奎宁溶解在 1.36g 樟脑中，其凝固点为 169.60K，试计算奎宁的摩尔质量［已知樟脑的凝固点为 179.80K，$K_f = 39.70(K \cdot kg)/mol$］。

四、参考答案

（一）单项选择题

1－5. CACDB　6－10. CBDAD　11－15. BBBAB

（二）多项选择题

16. ACDE　17. ABCE　18. ABE　19. CD　20. DE　21. ACE　22. ABD　23. AC　24. CDE　25. ABC

（三）判断题

1－5. √××√×　6－10. √×√××　11－15. ×√×××

（四）填空题

1. 6.02×10^{23}；阿伏伽德罗

2. 5；$5 \times 6.02 \times 10^{23}$

3. 距离；大小；相等；22.4

4. 0.142mol/L

5. 9

6. 蒸气压下降；沸点升高；凝固点降低；渗透压

7. 存在半透膜；膜两侧存在浓度差

8. 280～320；溶血

9. $CaCl_2$ 溶液

（五）综合问答题

1. 首先计算出所需浓硫酸的体积为 $500 \times 6/18.4 = 163$ml，在一洁净的 500ml 烧杯中加入约 250ml 蒸馏水，用量杯量取浓硫酸 165ml，用玻璃棒边搅拌边缓慢地把浓硫酸沿子终杯壁加入到水中，每次用约 20ml 蒸馏水洗涤量杯两次，洗涤液也加入到烧杯中，等冷却后，再加入蒸馏水到 500ml 刻度处。如要长期保存，转入试剂瓶中，并在试剂瓶上贴上标有试剂名称和浓度、配制日期等内容的标签。

2. 用甘油更好，因甘油沸点更高，难挥发。

3. 3mol/L 的盐水属于高渗溶液，所以血细胞在其中会萎缩，其原因是血细胞的细胞膜具有半透膜的性质，当把它放到高渗盐水中时，细胞内溶液浓度小于高渗盐水的浓度，故细胞内的水会通过细胞膜向盐水中扩散，其结果是细胞逐渐萎缩。

（六）计算题

1. $c_B = 336/22.4 \div 1.5 = 10mol/L, \rho_B = c_B \cdot M = 10 \times 36.5 = 365g/L$

答：此 HCl 溶液的物质的量浓度 c_B 为 10mol/L；质量浓度 ρ_B 为 365g/L。

2. $m = 0.5 \times 600 \times 5 \times 9 = 13.5kg, c_B = 9/58.5 = 0.154mol/L = 154mol/L = 154mmol/L$，渗透浓度为 $2 \times 154mmol/L = 308mOsm/L$

答：每月消耗 NaCl 13.5kg；该 NaCl 溶液的物质的量浓度为 154mmol/L；渗透浓度是 308mOsm/L。

3. 已知：$\triangle T_f = 179.8 - 169.6 = 10.2K, m_A = 1.36 \times 10^{-3}kg, m_B = 0.115kg, K_f = 39.70K.\ kg/mol$

根据 $\triangle T_f \approx K_f b_B, b_B = n_B/m_A, n_B = m_B/M_B$

则 $M_B \approx m_B K_f/m_A \triangle T_f = 0.115 \times 39.7/1.36 \times 10^{-3} \times 10.2 = 329g/mol$

答：奎宁的摩尔质量为 329g/mol

第三章 胶体分散系

学习目标

1. **掌握** 胶体的性质。
2. **熟悉** 溶胶的制备和纯化；使胶体聚沉的方法。
3. **了解** 胶体溶液、高分子化合物溶液与医药的关系。

考核知识点

1. 分散系的定义、分类、不同分散系的特点；胶体稳定的因素。
2. 胶体溶液的特性；使胶体聚沉的方法；胶体溶液的制备方法。
3. 高分子化合物溶液的特点及对溶胶的保护作用。

一、知识导航

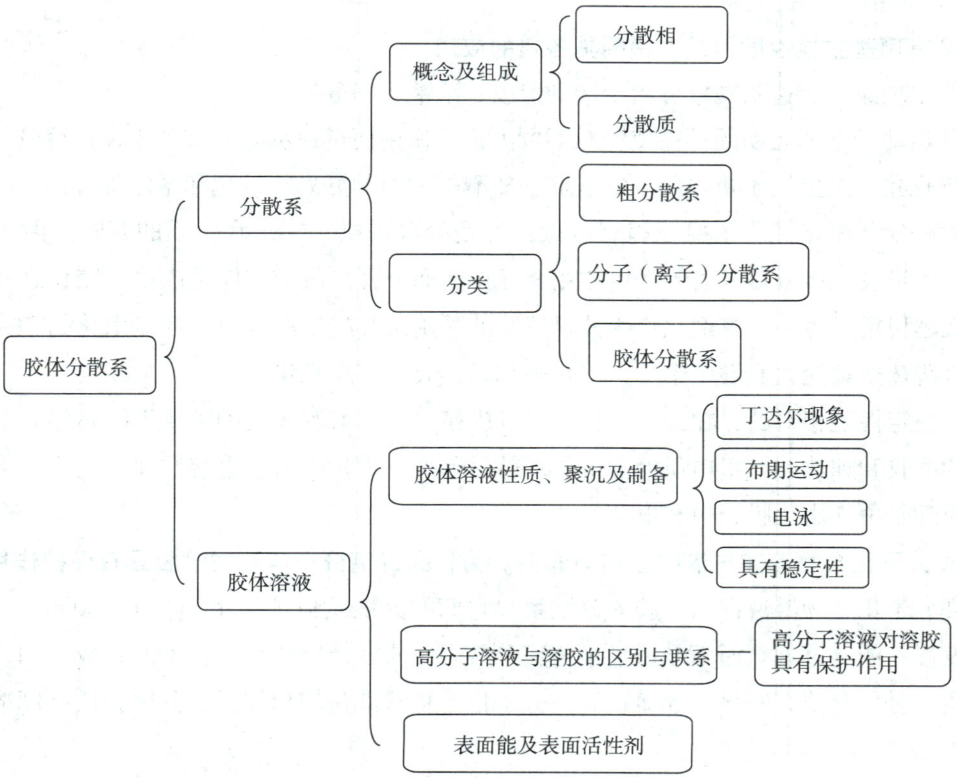

二、重难点解析

1. 分散系

(1) 定义　分散系是一种或几种物质的微粒，分散在另一介质中所形成的体系。其中被分散成微粒的物质称为分散相或分散质，而容纳分散相的连续介质称为分散介质或分散剂。

(2) 分类　按照被分散粒子直径大小的不同，分散系可分为分子（离子）分散系、胶体分散系和粗分散系三种类型。

(3) 三类分散系的比较　见表 3-1。

表 3-1　三类分散系的比较

<table>
<tr><th colspan="2">分散系类型</th><th>分散系粒子</th><th>粒子直径</th><th>主要特征</th><th>实例</th></tr>
<tr><td colspan="2">分子（离子）分散系也叫真溶液</td><td>原子、小分子或离子</td><td><1nm</td><td>透明、很均匀、很稳定、扩散快、能透过滤纸、半透膜</td><td>NaCl 溶液、空气、合金等</td></tr>
<tr><td rowspan="2">胶体分散系</td><td>高分子溶液</td><td>高聚物大分子</td><td rowspan="2">1 ~ 100nm</td><td>透明、均匀、稳定、不易聚沉、能透过滤纸，不能透过半透膜</td><td>蛋白质溶液、动物胶溶液等</td></tr>
<tr><td>溶胶</td><td>分子或离子的聚集体</td><td>透明度不一、不均匀、较稳定、不易聚沉、不能透过半透膜、能透过滤纸</td><td>$Fe(OH)_3$ 溶胶、$CuSO_4$ 溶胶、云、雾、烟、有色玻璃等</td></tr>
<tr><td rowspan="2">粗分散系</td><td>悬浊液</td><td>固体颗粒</td><td rowspan="2">>100nm</td><td rowspan="2">浑浊、不均匀、不透明、不稳定、容易聚沉、不能透过滤纸和半透膜</td><td>黄河水、炉甘石洗剂等</td></tr>
<tr><td>乳浊液</td><td>小液滴</td><td>牛奶、松节油搽剂等</td></tr>
</table>

2. 胶体具有哪些主要性质？试着说明其各自的应用。

(1) 丁达尔现象　丁达尔现象可用于区别溶胶、溶液、粗分散系。

(2) 布朗运动　布朗运动的存在使胶粒不致因重力作用而迅速沉降，有利于保持溶胶的稳定性。

(3) 电泳现象　主要用于蛋白质、氨基酸和核酸等物质的分离、纯化和鉴定等方面。

(4) 具有一定的稳定性　主要原因有两点：一是胶粒带电，二是水化膜的存在。由于同一种胶粒带有相同电荷，当彼此接近时，由于静电作用相互排斥而分开。胶粒核电量越多，胶粒之间静电斥力就越大，溶胶就越稳定。另外，溶剂化作用使得溶胶的吸附层和扩散层的离子都能水化的，在水化膜保护下，胶粒很难碰撞聚集变大而发生聚沉；水化膜越厚，胶粒就越稳定。

但溶胶的稳定性是相对的，在一定条件下可发生聚沉，使溶胶聚沉的主要方法是加入电解质、加入带相反电荷的溶胶和加热。如蛋白质的盐析原理就是因加入大量无机强电解质使蛋白质从溶液中聚沉析出的作用。原理是争夺水化膜、中和电荷。

3. 简述高分子化合物溶液与溶胶区别与联系。为什么说高分子溶液对溶胶具有保护作用？

溶胶和高分子化合物溶液都属于胶体分散系。它们的分散质粒子大小都在 1 ~ 100nm 之间，所以表现出扩散速度慢、能透过滤纸而不能透过半透膜等共同性质。但因分散质粒子的组成不同，溶胶是多相体系，分散质与分散介质有明显的界面；而高分子化合物溶液是均相体系，分散介质高度溶剂化，与分散质无明显界面。

在溶胶中加入足够量的高分子，能显著地提高溶胶的稳定性，这种现象称为高分子对溶胶的保护作用。产生保护作用的原因是高分子吸附在胶粒的表面上，形成一层高分子保护膜，阻止了胶粒之间与电解质离子之间的直接接触，从而增加了溶胶的稳定性。

4. 什么叫表面能？降低系统表面能的途径有哪些呢？

表面层的分子要比内部分子多出一部分能量，这一能量称为表面能。用E表示，$E=\sigma \cdot A$。只要界面存在就一定有表面能。一定温度和压力下，多相系统表面张力越大，表面能越大，系统越不稳定。

降低表面能的途径：一是降低表面张力；二是减小表面积。

5. 什么叫表面活性剂？有哪些种类，其主要作用有哪些？

表面活性剂是指能显著降低表面张力的物质。

表面活性剂由亲水基部分和疏水基部分所构成，在溶液的表面能定向排列，并能降低表面张力。

按极性基团的解离性质，表面活性剂分为阴离子表面活性剂如硬脂酸、十二烷基苯磺酸钠；阳离子表面活性剂如季铵化物；两性离子表面活性剂如卵磷脂、氨基酸型；非离子表面活性剂如脂肪酸甘油酯、聚山梨酯等。

表面活性剂具有润湿或抗黏、乳化或破乳、起泡或消泡以及增溶、分散、洗涤、防腐、抗静电等一系列物理化学作用。

三、补充习题

（一）单项选择题

1. 下列关于胶体分散系的描述正确的是________。

A. 其分散相粒子的直径小于10nm　　B. 其分散相粒子的直径大于100nm
C. 其分散相粒子的直径在1～100nm之间　　D. 其分散介质只能是水

2. 下列分散系最稳定的是________。

A. 牛奶　　B. 食盐水　　C. 浑浊的泥水　　D. 豆浆

3. 区别溶液和胶体最简单的方法是________。

A. 观察外观　　B. 丁达尔效应　　C. 过滤　　D. 加热

4. 关于电解质对溶胶的聚沉作用，下列说法错误的是________。

A. 电解质的聚沉作用主要取决于反离子　　B. 反离子的价数越高，聚沉能力越强
C. 反离子的价数越高，聚沉能力越弱　　D. 同价离子的聚沉能力也略有不同

5. 要使负电荷的AgI胶体凝聚，最好用________。

A. NaCl　　B. $AlCl_3$　　C. $MgCl_2$　　D. $MgSO_4$

6. 下列分散系有丁达尔现象，加少量电解质不能聚沉的是________。

A. 氯化钠溶液　　B. 蛋白质溶液　　C. 泥浆水　　D. 碘化银溶胶

7. 下列几种溶液中溶质不能透过半透膜的是________。

A. 淀粉溶液　　B. 硝酸银溶液　　C. 碘化钾溶液　　D. 葡萄糖溶液

8. 对溶胶起保护作用的是________。

A. $CaCl_2$　　B. NaCl　　C. Na_2SO_4　　D. 明胶

9. 可以证明胶粒带何种电荷的是________。

A. 透析　　B. 吸附现象　　C. 布朗运动　　D. 电泳现象

10. 与溶胶相比，高分子溶液的特性是________。

A. 不稳定　　B. 透明程度大　　C. 能通过滤纸　　D. 黏度大

11. 淀粉溶液稳定，主要原因是________。

A. 布朗运动　　B. 扩散　　C. 胶粒带　　D. 溶剂化膜的存在

12. 加入少量硫酸铵不能产生沉淀的胶体溶液是________。

A. 明胶　　B. 硅胶　　C. 氢氧化铁溶胶　　D. 氢氧化铝溶胶

13. 淀粉溶液中含有少量氯化钠，可用什么方法去除________。

A. 萃取　　B. 透析　　C. 过滤　　D. 盐析

14. 下列物质中加入乙醇能发生聚沉的是________。

A. 氯化银溶胶　　B. 蛋白质溶液　　C. 硫化砷溶液　　D. 氢氧化铁溶胶

15. 用半透膜分离胶体粒子与电解质溶液的方法称为________。

A. 电泳　　B. 过滤　　C. 透析　　D. 胶溶

（二）多项选择题

16. 能起保护作用的胶体是________。

A. 乙醇　　B. $CaCl_2$　　C. 明胶

D. 淀粉　　E. NaCl

17. 下列体系属于胶体分散系的是________。

A. 淀粉溶液　　B. 食盐水　　C. 鱼肝油

D. 蛋白质溶液　　E. 泥浆

18. 下列不属于胶体性质的是________。

A. 电泳　　B. 能透过半透膜　　C. 能透过滤纸

D. 布朗运动　　E. 溶液呈无色

19. 能使溶胶发生聚沉的措施________。

A. 加入电解质　　B. 过滤　　C. 加热

D. 搅拌　　E. 加入带相反电荷的胶体

20. 溶胶稳定性高的主要原因________。

A. 溶胶可溶于水　　B. 胶粒带电　　C. 相对分子质量很大

D. 胶体溶液浓度很大　　E. 存在水化膜

（三）判断题

1. 胶体是一种胶状物质。（　　）
2. 胶体是一种均匀、稳定的体系。（　　）
3. 高分子化合物溶液是均匀稳定的体系。（　　）
4. 胶粒能透过半透膜，不能通过滤纸。（　　）
5. 老年人的面容特殊标志是皱纹，就是有机体失去膨润能力的特征。（　　）
6. 高分子化合物溶液对溶胶有保护作用。（　　）
7. 凝胶有弹性。（　　）
8. 表面能不能减小。（　　）
9. 乳化剂能使乳状液的稳定性增加。（　　）
10. 所谓无限膨润就是指少量的凝胶可以无限地吸收溶剂，形成溶液。（　　）

（四）填空题

1. 胶体稳定的主要因素是________，其次是________。

2. 按照分散相微粒的大小，可把分散系分成________、________、________三大类，它们的直径微粒的大小范围是________、________、________。

3. 电解质对胶体的聚沉能力不仅与________有关，更主要的是决定于________，________越多，聚沉能力越强。

4. 在电场中移向阴极的胶粒带________电，该胶体称为________胶体，如________胶体，移向阳极的胶粒带________电，该胶体称为________胶体，如________胶体。

5. 透析可以使________从胶体中分离出来。

6. 通过化学凝聚法制得 $Fe(OH)_3$ 胶体的化学方程式是________。

7. 常见的乳状液有两种类型，它们分别是________、________。

8. 乳化剂是一类________，它的作用是________。

9. 乳化剂常分为________和________乳化剂。

10. 胶体溶液常分为________、________、________种，其中________称为溶胶。

（五）简答题

1. $BaSO_4$ 是难溶性的盐，为什么可以口服用于肠胃道造影？
2. 高分子化合物是如何保护胶体的？
3. 胶粒的布朗运动与溶胶的稳定性的关系如何？
4. 何谓表面能？通过哪些途径能降低表面能？
5. 在乳状液中乳化剂起什么作用？
6. 溶胶为什么能稳定存在？
7. 什么是凝胶？什么是胶凝？形成凝胶的先决条件是什么？还有哪些因素可影响胶凝作用？
8. 何谓唐南平衡？建立唐南平衡的条件是什么？
9. 膜内为蛋白质溶液，膜外为氯化钠溶液，当渗透达平衡时，膜两侧的 Na^+ 和 Cl^- 离子的浓度是否相等？为什么？
10. 乳状液有几种类型？影响乳状液类型的因素有哪些？

四、参考答案

（一）单项选择题

1－5. CBBCB　6－10. BADDD　11－15. DABBC

（二）多项选择题

16. CD　17. AD　18. BE　19. ACE　20. BE

（三）判断题

1－5. ××√×√　6－10. √√×√√

（四）填空题

1. 胶粒带电；水化膜的存在

2. 粗分散系；胶体分散系；分子或离子分散系；>100nm；1~100nm；<1nm

3. 电解质浓度；反离子的电荷数；反离子电荷数

4. 正；正；氢氧化铁；负；负；硫化砷

5. 小分子的杂质

6. $FeCl_3 + 3H_2O \xrightarrow{\text{煮沸}} Fe(OH)_3 + 3HCl$

7. 油包水型；水包油型

8. 表面活性剂；降低两相间的界面张力，增加体系的稳定性

9. 水溶性；油溶性

10. 固溶胶；液溶胶；气溶胶；液溶胶

（五）简答题

1. 硫酸钡可阻止X线穿透，可用于胃肠道造影，常制成硫酸钡合剂使用。在硫酸钡合剂中含有一种高分子化合物（阿拉伯胶）对硫酸钡溶胶起着保护作用。

2. 高分子溶液对溶胶的保护作用，一般认为是由于加入的高分子化合物都是能卷曲的线形分子，很容易被吸附在溶胶粒子表面上，将整个胶粒包裹起来形保护层；又由于高分子化合物水化能力特别强，在高分子化合物外面又形成一层水化膜，这样就阻止了溶胶粒子的聚集，从而提高了溶胶的稳定性。

3. 布朗运动是胶体粒子在分散介质中作不规则的运动。布朗运动使胶体粒子有扩散现象，它能抵抗在重力的作用下胶体粒子的下沉（即沉降作用），这是使溶胶能保持相对稳定的原因之一。

4. 表面层的分子要比内部分子多出一部分能量，这一能量称为表面能。降低表面能的途径：一是降低表面张力；二是减小表面积。

5. 乳化剂是一类表面活性物质，能降低两相间的界面张力，增加乳状液的稳定性。

6. 溶胶具有相对的稳定性，除了胶粒的布朗运动克服重力下沉而起到部分稳定作用外，主要原因有两点：一是胶粒带电，二是水化膜的存在。

7. 高分子溶液和某些溶胶，在适当的条件下能使整个体系转变成一种弹性的半固体状态的稠厚物质。这种现象称为胶凝作用，所形成的产物称凝胶或胶冻。

形成凝胶的先决条件是胶体粒子的性质。还有一些因素如浓度和温度对形成凝胶也有影响。

8. 由于蛋白质一类高分子或大离子（Na^+R^-）不能透过半透膜，而溶剂等低分子电解质（如 Na^+Cl^-）却能自由通过，因此当有蛋白质这类高分子电解质（R^-）存在时，半透膜两边达到平衡时，膜两侧电解质的浓度并不相等。这种平衡称为膜平衡或称唐南平衡。建立唐南平衡的条件是在膜的一侧存在有不能透过膜的大离子时，对可透过的离子在膜两侧的分布有较大的影响，其结果是造成膜两侧电解质分布的不均等。

9. 不相等。因为膜内有蛋白质存在，而蛋白质不能透过膜结果对能透过膜的 Na^+ 和 Cl^- 的分布产生影响。

10. 常见的乳状液有两种类型，一种是水包油型，用O/W表示；另外一种是油包水型，用W/O表示。

影响乳状液类型的因素主要是乳化剂的类型。乳化剂有两类：一类是水溶性乳化剂，如钠肥皂、乳蛋白等，它能使油滴分散在水中，形成稳定的O/W型乳状液；另一类是油溶性乳化剂，如钙肥皂、胆固醇等，它能使水滴分散在油中，形成稳定的W/O型乳状液。

第四章 化学反应速率与化学平衡

学习目标

1. **掌握** 化学平衡常数表达式的正确书写；浓度、压力、温度、催化剂对化学平衡的影响；掌握化学平衡的有关计算：根据已知条件求算平衡常数；根据平衡常数计算平衡浓度（分压）或转化率。

2. **熟悉** 化学反应速率的概念和表示方法；化学平衡移动原理（吕查德理原理）。

3. **了解** 活化能、活化分子的概念，能应用活化能、活化分子的概念解释浓度、温度及催化剂对反应速率的影响。

考核知识点

1. 影响化学反应速率的主要因素及其变化规律；平衡常数表达式的书写及相关计算。

2. 化学平衡的概念、特点、意义及相关计算。

3. 影响化学平衡的因素及判断化学平衡移动的影响。

一、知识导航

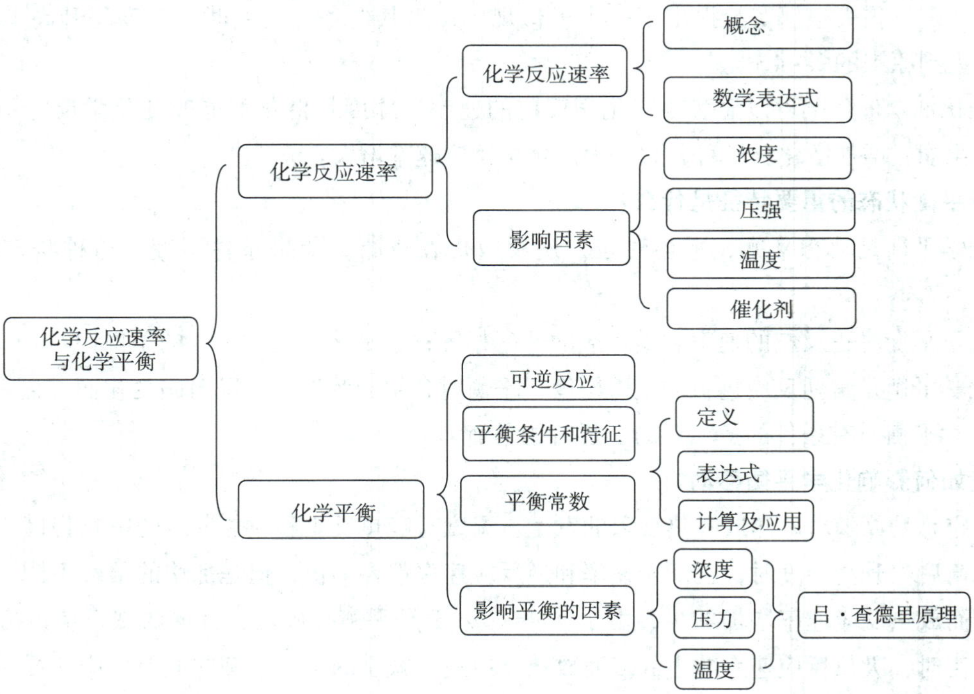

二、重难点解析

1. 化学反应速率

（1）化学反应速率　是指一定条件下单位时间内某化学反应的反应物转变为产物的速率，习惯用单位时间内反应物浓度的减少或生成物浓度的增加来表示，物质的浓度常用物质的量浓度来表示，单位通常为 mol/(L·s)，mol/(L·min)等。

（2）数学表达式　$v=\frac{|c_2-c_1|}{t_2-t_1}$，即 $v=\left|\frac{\triangle c}{\triangle t}\right|$

（3）化学反应速率理论　有效碰撞理论、过渡态理论。

2. 影响化学反应速率的因素

（1）浓度　当其他条件不变时，反应物浓度越大，化学反应速率越大。原因是反应物浓度越大，单位体积内活化分子总数越多，有效碰撞次数越多，因此化学反应速率越大。对于基元反应（简单反应），浓度的影响可用质量作用定律来定量阐述，即反应速率与各反应物浓度的化学计量数次幂的乘积成正比，即质量作用定量。数学表达式：$v=kc_A^a c_B^b$，对于基元反应，a，b 是反应物的化学计量数。

（2）压强　对于有气体参加的化学反应，增大压强，气体的体积缩小，单位体积内反应物的浓度增大，化学反应速率增大；减小压强，气体体积增大，单位体积内反应物的浓度减小，化学反应速率减小。原因与浓度对化学反应速率的影响相同。

（3）温度　一般化学反应，如果反应物的浓度恒定，升高温度，化学反应速率增大。其原因一方面是升高温度使分子运动加快，碰撞次数增多，化学反应速率增大；另一方面是升高温度使反应物分子从外界获得了能量，使更多的分子变成了活化分子，活化分子百分数增大，有效碰撞次数增多，化学反应速率增大。范特霍夫根据实验提出了一个近似规则：当其他条件不变时，温度每升高 10℃，则化学反应速率增大到原来的 2～4 倍。

（4）催化剂　催化剂可以显著改变化学反应的速率。原因是催化剂能改变化学反应历程，降低化学反应的活化能，增加活化分子百分数，因此化学反应速率增大。

3. 化学平衡状态的重要特征是什么？

（1）化学平衡是动态平衡，平衡时正、逆反应仍在进行，如果条件不变，这种状态将一直保持下去。

（2）化学平衡时正反应的速率和逆反应的速率相等；这是建立化学平衡的条件。

（3）化学平衡是可逆反应进行的最大限度，平衡时各组分浓度不再随时间变化而变化。

（4）化学平衡时有条件的、相对的、暂时的平衡。

4. 温度如何影响化学平衡移动？

化学反应总是伴随着放热或吸热现象的发生。温度对吸热反应和放热反应的影响程度不同。当可逆反应达到平衡后，升高温度时，正反应速率和逆反应速率都要加快，但是加快的倍数不同，吸热反应速率增加的多而放热反应速率增加的少，由于 $v_{正}\neq v_{逆}$，于是平衡被破坏，并向吸热反应的方向移动。反之，降低温度时，吸热反应速率减小的多而放热反应速率减小的少，平衡向放热反应的方向移动。

5. 平衡常数能否代表转化率？

不能。标准平衡常数可以用来衡量某一反应的完成程度和计算有关物质的平衡浓度。某物质的平衡转化率 a 是指达到平衡时该物质已转化（消耗）的量与反应前该物质的总量之比，转化率越大，表示反应进行的程度越大。

转化率与平衡常数有明显不同，转化率与反应体系的起始状态有关，而且必须明确指出是反应物中的哪种物质的转化率。

6. 化学反应平衡常数的大小能否表示化学反应进行的程度？

每一个可逆反应都有自己的特征平衡常数，它表示了化学反应在一定条件下达到平衡后反应物的转化程度和化学反应达到平衡的条件：平衡常数越大，表示正反应进行的程度越大，平衡混合物中生成物的相对平衡浓度就越大。

7. 简述在任意状态时，化学反应的浓度商 Q 和化学反应平衡常数 K 的关系。

根据热力学推导，当 $Q = K^{\ominus}$，则化学反应达到平衡。如果增加反应物的浓度或者减小生成物的浓度都会使 $Q < K^{\ominus}$，此时原有平衡将被破坏，平衡正向移动，直至 $Q = K^{\ominus}$，反应在新的条件下建立新的平衡状态为止。反之，如果增加生成物的浓度或减小反应物的浓度，将导致 $Q > K^{\ominus}$，平衡逆向移动，直至建立新的平衡为止。改变浓度可以使化学平衡发生移动，但不能改变平衡常数值。

8. 催化剂能够影响化学反应的速度，也能影响化学反应的平衡常数吗？

催化剂虽然能改变化学反应速率，缩短到达平衡的时间。但对于任一确定的可逆反应来说，催化剂同等程度地加快正、逆反应的速率，无论是否使用催化剂，正、逆反应的速率均相等。因此，催化剂不会影响化学平衡状态，也不会使化学平衡发生移动。

三、补充习题

（一）单项选择题

1. 表示化学反应速率用________。

A. 单位时间内反应物质量的减少或生成物质量的增加

B. 单位时间内反应物体积的减少或生成物体积的增加

C. 单位时间内反应物浓度的减少或生成物浓度的增加

D. 单位时间内反应物重量的减少或生成物重量的增加

2. 关于催化剂的叙述不正确的是________。

A. 能改变化学反应速率，本身的化学组成和质量也同时改变

B. 不改变化学平衡的状态

C. 能同等程度的改变正反应速率和逆反应速率

D. 催化剂有正催化剂和负催化剂

3. 对于可逆反应 $C(s) + CO_2(g) \rightleftharpoons 2CO(g)$，下列说法正确的是________。

A. 由于反应物系数之和等于生成物系数之和，所以改变压强，化学平衡不移动

B. 化学平衡时反应物和生成物的浓度不再改变

C. 化学平衡时单位时间内有多少 CO 生成，就有同样多的 CO 分解，因此 $[CO]=0$

D. 由反应物系数可看出，化学平衡时 $[CO_2]:[CO]=1:2$

4. 对于反应 $N_2 + 3H_2 \rightleftharpoons 2NH_3$ 若反应开始 $[N_2] = 3mol/L$，$[H_2] = 5mol/L$，过 3 分钟，测得 $[NH_3] = 0.6mol/L$，下列化学反应速率表示正确的是________。

A. $v_{NH_3} = 0.2mol/(L \cdot min)$　　B. $v_{N_2} = 1mol/(L \cdot min)$

C. $v_{NH_3}=3mol/(L\cdot min)$　　D. $v_{NH_3}=0.1mol/(L\cdot min)$

5. 反应 $NO(g)+CO(g) \rightleftharpoons 1/2\ N_2(g)+CO_2(g)$ 的 $\Delta_r H_m^\ominus=-373.0kJ/mol$，平衡向右移动的条件是________。

A. 低温低压　　B. 高温低压　　C. 低温高压　　D. 高温高压

6. 升高温度使化学反应速率增大的原因是________。

A. 减小反应物分子碰撞的机会　　B. 降低反应物活化分子百分数

C. 降低反应活化能　　D. 增加单位体积内反应物活化分子数

7. 能使 $C(s)+H_2O(g) \rightleftharpoons H_2(g)+CO(g)$，$Q>0$ 的化学平衡向正反应方向移动的最佳条件使________。

A. 升温升压　　B. 降温升压　　C. 升温降压　　D. 降温降压

8. 某温度下，一定体积的密闭容器中，进行如下可逆反应：$A(g)+B(g) \rightleftharpoons C(g)+D(s)+Q$，达到平衡后，则下列选项不正确的是________。

A. 加入少量D，逆反应速率增大

B. 升高温度，平衡逆向移动

C. 加入A，则反应放出的热量增加

D. 加入B，平衡正向移动

9. 某反应在一定条件下的转化率为42.25%，当加入催化剂后，其平衡转化率________。

A. 42.25%　　B. 84.50%　　C. 100%　　D. 62.50%

10. 决定化学反应速率大小的根本原因是________。

A. 温度　　B. 压强　　C. 浓度　　D. 反应物的性质

11. 对于一个特定的反应，影响 $K^\ominus$ 值的因素是________。

A. 催化剂　　B. 反应物和生成物的浓度

C. 系统是否处于平衡状态　　D. 温度

12. 达到化学平衡的条件是________。

A. 反应物浓度与生成物浓度相等　　B. 正反应速率等于逆反应速率

C. 反应物浓度的乘积与生成物浓度相等　　D. 可逆反应

13. 对于特定的反应，$K^\ominus$ 的值是________。

A. 由该反应的本质决定　　B. 由反应物和生成物的浓度决定

C. 随反应物和生成物的浓度改变而改变　　D. 与系统是否处于标准状态有关

14. 若移走某反应中的催化剂，则平衡将怎样移动________。

A. 正向　　B. 逆向　　C. 不变　　D. 无法判定

15. 温度一定，密闭容器中充入压力为 p 的 $NO_2(g)$，一定时间后下列反应 $2NO_2(g) \rightleftharpoons N_2O_4(g)$ 达到平衡，系统的压力为 $0.85p$，则 NO_2 的转化率为________。

A. 0.60　　B. 0.30　　C. 0.15　　D. 无法判定

（二）多项选择题

16. 800℃时在密闭容器中，$C(s)+H_2O(g) \rightleftharpoons CO(g)+H_2(g)$ 达到化学平衡时，$K_C=1$，下列说法正确的是________。

A. 温度升至1000℃，化学反应速率增大，平衡常数改变

B. 800℃时，减小压强化学反应速率减小，若温度不变平衡常数不变

C. 使用催化剂，若温度不变平衡常数不变

D. 增加 $H_2O(g)$ 的浓度，增大化学反应速率，但温度改变平衡常数不改变

E. 使用催化剂，能提高该化学反应的转化率

17. 在下列化学反应达到化学平衡时，增加压强，化学平衡不发生移动的是________。

A. $2NO(g)+O_2(g) \rightleftharpoons 2NO_2(g)$,$Q<0$

B. $CO_2(g)+C(s) \rightleftharpoons 2CO(g)$,$Q>0$

C. $CO(g)+H_2O(g) \rightleftharpoons CO_2(g)+H_2(g)$,$Q<0$

D. $2HCl(g) \rightleftharpoons H_2(g)+Cl_2(g)$,$Q>0$

E. $N_2(g)+O_2(g) \rightleftharpoons 2NO(g)$,$Q>0$

18. 在 $N_2+3H_2 \rightleftharpoons 2NH_3$ 反应达化学平衡时，叙述正确的是________。

A. N_2 和 H_2 不再发生反应

B. NH_3 不再分解

C. N_2、H_2 和 NH_3 的浓度保持不变

D. 加入催化剂化学平衡不发生移动

E. 平衡随反应物和生成物的浓度改变而改变

19. 将 Cl_2、H_2O、HCl、O_2 四种气体混合后发生下列化学反应 $2Cl_2(g)+2H_2O(g) \rightleftharpoons 4HCl(g)+O_2(g)$，$Q>0$，当反应达化学平衡时，使化学平衡向左移动的操作的是________。

A. 增加 O_2 的浓度

B. 增加容器的体积

C. 升高温度

D. 减少 Cl_2 的浓度

E. 增加 H_2O 的量

20. 在 $N_2+3H_2 \rightleftharpoons 2NH_3$ 的可逆反应中，表示化学平衡的是________。

A. 氮气与氢气反应生成氨的速率与氨分解的速率相等时的状态

B. 氮气、氢气、氨气的分子个数比为 1∶3∶2 的状态

C. 反应物氮气与氢气的分子数与生成物氨的分子数相等时的状态

D. 氮气与氢气不再反应时的状态

E. 混合物中各组分的含量不变时的状态

21. 化学平衡时的特点是________。

A. 反应物与生成物浓度相等

B. 反应物浓度的乘积与生成物浓度的乘积相等

C. 反应物与生成物浓度保持不变

D. 正反应速率与逆反应速率相等

E. 动态平衡

（三）判断题

1. 升高温度只能增加吸热反应的速率。(　　)

2. 对于任何反应，增大压强都可以增大化学反应速率。(　　)

3. 温度一定时，化学平衡发生移动，其 $K^\ominus$ 的值不变。(　　)

4. 对于 A(g)+B(g) $\rightleftharpoons$ 2C(g)，$\Delta_r H_m^\ominus < 0$，若升高温度，则使逆反应速率增大，正反应速率减小，所以化学平衡向逆反应方向移动。(　　)

5. 对于 $2CO(g)+O_2(g) \rightleftharpoons 2CO_2(g)$ 的反应，达化学平衡时，加入催化剂，化学平衡不移动；增大压强，化学平衡向正反应方向移动。(　　)

6. 能够发生碰撞的分子为活化分子。(　　)

7. 化学平衡中，平衡常数发生改变，化学平衡一定移动。(　　)

8. 在其他条件不变时，增大反应物浓度可使化学反应速率增大。(　　)

9. 一定条件下，可逆反应达化学平衡的标志是正反应的速率与逆反应的速率相等，反应物浓度与生成物浓度相等。(　　)

10. 浓度、温度、压强和催化剂既可以影响化学反应速率大小，又可以使化学平衡发生移动。(　　)

11. 对于可逆反应，平衡常数越大，反应速率越快。(　　)

12. 浓度和压强的变化既能引起平衡移动，又能改变平衡常数的数值。(　　)

13. 某一反应平衡后，再加入一些反应物，在相同的温度下再次达到平衡，则两次测得的平衡常数相同。(　　)

14. 某温度下密闭容器中，反应 $2NO(g)+O_2(g) \rightleftharpoons 2NO_2(g)$ 达到平衡，保持温度和体积不变，充入惰性气体增加总压，平衡将向气体分子数减少即生成 NO_2 的方向移动。(　　)

（四）填空题

1. 在一定温度下，$A+B \rightleftharpoons 2C$ 反应达平衡时，若升高温度，化学平衡向右移动，则该反应的正反应________热反应；若 B 为气态，增大压强时，化学平衡不移动，则 A 为________态，C 为________态。

2. 对于化学反应 $2SO_2+O_2 \rightleftharpoons 2SO_3$，开始 SO_2 和 O_2 的浓度均为 3mol/L，经过 2 秒钟（s）后，测得 SO_3 的浓度为 0.3mol/L；用 O_2 浓度的变化来表示，应为________ mol/（L·s）。

3. 可逆反应 $N_2+3H_2 \rightleftharpoons 2NH_3$，$\Delta_r H_m^\ominus < 0$，在一定条件下达到化学平衡，若改变下列条件，请填写下表：

改变条件	$v_正$	化学平衡移动方向
增大 N_2 浓度		
降低温度		
减小压强		
使用催化剂		

4. 影响化学反应速率的因素有________、________、________、________。温度升高________℃，化学反应速率一般增加________倍，这是一条近似规律，称为范特霍夫规则。

5. 在一定温度下，向 10L 容器中充入 5mol 的 SO_2 和 10mol 的 O_2，在反应达到化学平衡时有 3mol 的 SO_2 发生了反应。O_2 的转化率为________，SO_2 的转化率为________；化学平衡时 $[SO_2]$ 为________，$[SO_3]$ 为________。

（五）综合问答题

1. 写出下列反应的化学平衡常数 $K^\ominus$

（1）$CaCO_3(s)+2H^+(aq) \rightleftharpoons Ca^{2+}(aq)+CO_2(g)+H_2O(l)$

（2）$CaCO_3(s) \rightleftharpoons CaO(s) + CO_2(g)$

（3）$2NO_2(g) \rightleftharpoons N_2O_4(g)$

（4）$Zn(s) + 2H^+(aq) \rightleftharpoons H_2(g) + Zn^{2+}(aq)$

2. 下列反应在同一体系内进行：

（1）$2NO(g) + O_2(g) \rightleftharpoons 2NO_2(g), K_1^\ominus$

（2）$2NO_2(g) \rightleftharpoons N_2O_4(g), K_2^\ominus$

（3）$2NO(g) + O_2(g) \rightleftharpoons N_2O_4(g), K_3^\ominus$

则反应（3）的平衡常数 $K_3^\ominus$ 与反应（1）和反应（2）的平衡常数之间有何关系？

3. 反应 $N_2(g) + 3H_2(g) \rightleftharpoons 2NH_3(g)$，在一定温度下达到平衡状态，系统内 $n(N_2) = 4mol, n(H_2) = n(NH_3) = 1mol$。保持系统温度及压力不变的条件下，向系统内加入 1mol $N_2(g)$。试判断平衡将如何移动。

4. 完成下列的反应式，并说明增加 $FeCl_3$ 的浓度，试管里溶液的颜色变深的原因。

$FeCl_3 + KSCN \rightleftharpoons$

（六）计算题

1. 甲醇可以通过反应 $CO(g) + 2H_2(g) \rightleftharpoons CH_3OH(g)$ 来合成，225℃时标准大气压 $p^\ominus = 100kPa$，该反应的 $K^\ominus = 6.08 \times 10^{-3}$。反应开始时 $p(CO) : p(H_2) = 1 : 2$，平衡时 $p(CH_3OH) = 50.0kPa$。计算 CO 和 H_2 的平衡分压。

2. 反应 $CO_2 + H_2 \rightleftharpoons CO + H_2O$ 在某一温度下达到平衡时 $[CO_2] = [H_2] = 0.44mol/L$，$[CO] = [H_2O] = 0.56mol/L$，求此温度下的平衡常数（$K_c$）及开始时 CO_2 和 H_2 的浓度。

3. 55℃、100kPa 时 N_2O_4 部分分解成 NO_2，系统平衡混合物的平均摩尔质量为 61.2g/mol，求：（1）N_2O_4 的转化率 α 和标准平衡常数 $K^\ominus(328K)$；（2）计算 55℃系统总压力为 10kPa 时 N_2O_4 的转化率 α。（已知 M（NO_2）= 46g/mol）

四、参考答案

（一）单项选择题

1－5. CABAC　6－10. DCAAD　11－15. DBACB

（二）多项选择题

16. ABC　17. CDE　18. CDE　19. AD　20. AE　21. CDE

（三）判断题

1－5. ××√×√　6－10. ×√√××　11－14. ××√√

（四）填空题

1. 吸；气；气

2. －0.075

3.

改变条件	$v_{正}$	化学平衡移动方向
增大 N_2 浓度	加快	向正反应方向移动
降低温度	减慢	向正反应方向移动
减小压强	减慢	向逆反应方向移动
使用催化剂	加快	不移动

4. 浓度；温度；压强；催化剂；10；2～4

5. 15%；60%；0.2mol/L；0.3mol/L

（五）综合问答题

1. （1）$K^\ominus = \dfrac{[p(CO_2)/p^\ominus]\cdot([Ca^{2+}]/c^\ominus)}{([H^+]/c^\ominus)^2}$

（2）$K^\ominus = \dfrac{p(CO_2)}{p^\ominus}$

（3）$K^\ominus = \dfrac{p(N_2O_4)/p^\ominus}{[p(N_2O_4)/p^\ominus]^2}$

（4）$K^\ominus = \dfrac{[Zn^{2+}/C^\ominus][p(H_2)/p^\ominus]}{[H^+/C^\ominus]^2}$

2. 答：反应（3）= 反应（1）+ 反应（2），所以 $K_3^\ominus = K_1^\ominus \times K_2^\ominus$

3. 答：若总压力为 p kPa，$p(NH_3)=\dfrac{1}{6}p$，$p(H_2)=\dfrac{1}{6}p$ $p(N_2)=\dfrac{4}{6}p$

则 $K^\ominus = 9[p^\ominus/p]^2$，$Q_c = 9.8[p^\ominus/p]^2 > K^\ominus$；平衡逆向移动。

4. 反应方程式 $FeCl_3 + 6KSCN \rightleftharpoons K_3[Fe(SCN)_6]$（血红色）$+ 3KCl$

因为增加 $FeCl_3$ 的量即反应物的浓度增大，使原来的化学平衡受到破坏，化学平衡向正反应方向移动，溶液里 $K_3[Fe(SCN)_6]$ 浓度增大，所以溶液的颜色加深。

（六）计算题

1. 答：设平衡时 CO 的分压为 x kPa，根据提议，平衡时 H_2 的分压为 $2x$ kPa

$$CO(g) + 2H_2(g) \rightleftharpoons CH_3OH(g)$$

平衡分压/kPa　　x　　$2x$　　50.0

$$K^\ominus = \frac{p(CH_3OH)/p^\ominus}{[p(H_2)/p^\ominus]^2\cdot[p(CO)/p^\ominus]} = \frac{50.0\text{kPa}/100\text{kPa}}{(2x\text{kPa}/100\text{kPa})\times 2(x\ \text{kPa}/100\text{kPa})} = 6.08\times 10^{-5}$$

$\therefore x = 274$，　$p(CO) = 274$kPa，　$p(H_2) = 548$kPa

2. 答：化学反应方程式 $CO_2 + H_2 \rightleftharpoons CO + H_2O$

化学平衡时（mol/L）　0.44　0.44　0.56　0.56

$$K^\ominus = \frac{[CO][H_2O]}{[CO_2][H_2]} = \frac{0.56\times 0.56}{0.44\times 0.44} = 1.62$$

CO_2 和 H_2 的初始浓度均为 $0.44 + 0.56 = 1.00$mol/L

答：此温度下的平衡常数为 1.62，初始时 CO_2 和 H_2 的浓度均为 1.00mol/L

3. 答：设平衡时系统中 N_2O_4 的摩尔分数为 x，则 NO_2 的摩尔分数为 $1-x$，由题意得到：

$92x+(1-x)46=61.2$，解得：$x=0.33$

故 $p(N_2O_4)=33kPa$；$p(NO_2)=67kPa$

$N_2O_4(g) \rightleftharpoons NO_2(g)$

$$K^{\ominus}(238K)=\frac{[p(NO_2)/p^{\ominus}]^2}{p(N_2O_4)/p^{\ominus}}=\frac{[67kPa/100kPa]^2}{33kPa/100kPa}=1.36$$

根据化学反应计量数，达到平衡时消耗 N_2O_4 为 $1/2\times67kPa=34kPa$

$$转化率\ \alpha=\frac{34kPa}{(34kPa+33kPa)}\times100\%=50.75\%$$

（2）设55℃时，系统中 $p(N_2O_4)=x\ kPa$；则 $p(NO_2)=(10-x)kPa$

$$K^{\ominus}(238K)=\frac{[p(NO_2)/p^{\ominus}]^2}{p(N_2O_4)/p^{\ominus}}=\frac{[(10-x)kPa/100kPa]^2}{xkPa/100kPa}=1.36$$

$x=0.64kPa$，则 $p(N_2O_4)=0.64kPa$，$p(NO_2)=9.36kPa$

消耗 $N_2O_4=1/2\times9.36kPa=4.68kPa$

$$转化率\ \alpha=\frac{4.68kPa}{(4.68kPa+0.64kPa)}\times100\%=87.97\%$$

第五章　电解质溶液和解离平衡

学习目标

1. 掌握　弱电解质的解离平衡；溶液中一元弱电解质的解离平衡及其计算；酸碱质子理论和酸碱反应的实质；水的解离平衡与溶液 pH 的计算；缓冲溶液组成、原理、配制和 pH 计算。

2. 熟悉　同离子效应和盐效应的区别；溶度积定义；应用溶度积判断沉淀生成、溶解、分步沉淀及转化。

3. 了解　多元弱酸、弱碱分级解离平衡；缓冲溶液中医学上的意义；同离子效应和盐效应对难溶电解质沉淀溶解平衡的影响。

考核知识点

1. 酸碱质子理论和弱电解质的解离平衡及相关计算。
2. 缓冲溶液组成，原理示 pH 的计算。
3. 难溶电解质的溶解度和溶度积的关系，溶度积规则。

一、知识导航

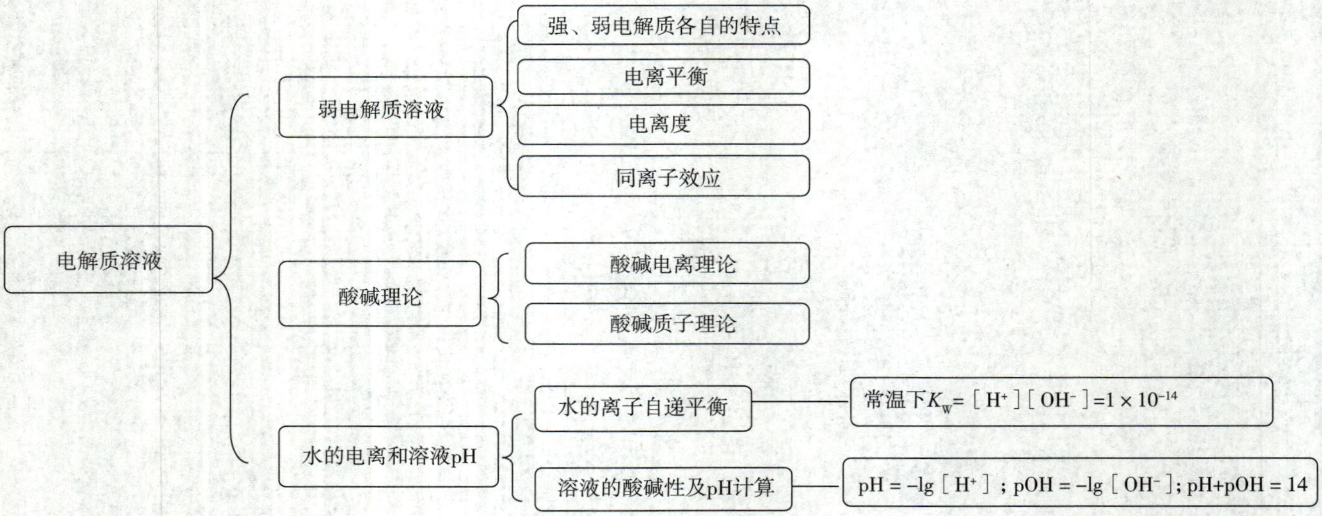

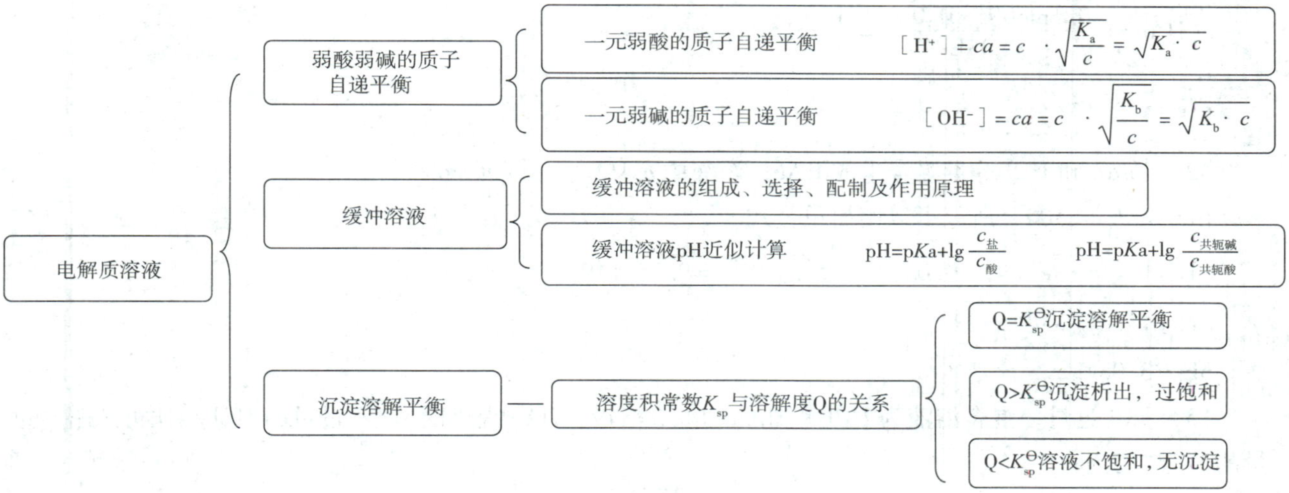

二、重难点解析

1. 什么是区分效应和拉平效应？

水作为溶剂有区分多种酸、碱相对强弱的作用，这种作用被称为溶剂水的区分效应。但是，有些很强的酸（如 $HClO_4$、HCl、HNO_3 等）在水中都是100%电离的，即能将质子全部转移给水，水同等程度地将这些酸的质子接受过来，因而不能区分它们之间的相对强弱，这种现象称为溶剂水的拉平效应。在溶剂中能够存在的最强酸是溶剂自身离解产生的阳离子，最强碱是溶剂离解产生的阴离子，如水溶液中的最强酸是 H^+，水溶液中的最强碱是 OH^-。要区分强酸必须选用比水酸性强的溶剂，要区分强碱需选用比水碱性强的溶剂，这样才能体现出溶剂对它们的区分效应。

2. 要区分 H_2SO_4、HCl、HNO_3，三大无机强酸的强弱选用下列哪种溶剂比较好。

A. 纯水 B. 液态 NH_3 C. 液态 HAc D. 苯

C。由于液态 HAc 接受质子的能力比水弱，三大强酸在液态 HAc 中给出质子的能力比在水中减弱，显示给出质子的强弱即酸性强弱的区别。

3. 酸碱混合溶液的 pH 如何计算？

酸碱混合首先要考虑是酸混合、碱混合还是酸碱混合。若是不同的酸混合或不同的碱混合，还要考虑是强酸、强碱、弱酸还是弱碱，不同的混合方式 pH 的计算不同；若是酸碱混合，要考虑酸碱是完全中和还是有酸、碱过量，混合溶液的最后组成是什么？混合溶液的组成不同，pH 的计算不同。

4. 求下列各混合溶液的 pH 值？

（1）20ml 0.1mol/L NaAc 和 10ml 0.1mol/L HCl 混合；

（2）20ml 0.1mol/L NaAc 和 20ml 0.1mol/L HCl 混合；

（3）20ml 0.1mol/L NaAc 和 30ml 0.1mol/L HCl 混合；

（4）10ml 0.1mol/L H_2CO_3 和 10ml 0.1mol/L NaOH 混合；

（5）20ml 0.1mol/L H_2CO_3 和 10ml 0.1mol/L NaOH 混合。

答：（1）混合后，过量的 NaAc 和生成的 HAc 组成缓冲液。溶液中：

$$c(Ac^-)=\frac{0.1mol/L\times0.02L-0.1mol/L\times0.01L}{0.03L}=\frac{1}{30}mol/L$$

$c(HAc)=\frac{0.1mol/L\times0.01L}{0.03L}=\frac{1}{30}mol/L$

$pH=pK_a^\ominus+\lg\frac{c(Ac^-)}{c(HAc)}=4.76$

（2）NaAc 和 HCl 等量混合生成 HAc；溶液中 $c(HAc)=0.050mol/L$

由于 $c/K_a^\ominus\geqslant500$，所以可以用简单公式：

$[H^+]=\sqrt{c\cdot K_a^\ominus}=\sqrt{0.05\times1.75\times10^{-5}}=9.35\times10^{-4}$

$[OH^-]=\sqrt{c\cdot K_b^\ominus}$

pH = 3.03

（3）HCl 过量，混合溶液为 HCl 和 HAc 的混合溶液。HAc 提供的 H^+ 和过量的 HCl 相比可忽略，过量的 H^+ 浓度为：

$c(H^+)=\frac{0.1mol/L\times0.01L}{0.05L}=0.020mol/L$

pH = 1.70

（4）H_2CO_3 和 NaOH 等物质量中和生成 $NaHCO_3$，代入酸式盐 pH 计算公式：

$pH=\frac{1}{2}pK_{a1}^\ominus+\frac{1}{2}pK_{a2}^\ominus=\frac{1}{2}(6.35+10.33)=8.34$

（5）H_2CO_3 过量，过量的 H_2CO_3 和生成的 $NaHCO_3$ 组成缓冲溶液，溶液中：

$c(H_2CO_3)=\frac{0.1mol/L\times0.02L-0.1mol/L\times0.01L}{0.03L}=\frac{1}{30}mol/L$

$c(HCO_3^-)=\frac{0.1mol/L\times0.01L}{0.03L}=\frac{1}{30}mol/L$

$pH=pK_{a1}^\ominus+\lg\frac{c(HCO_3^-)}{c(H_2CO_3)}=6.35$

5. 不同电解质溶液的酸碱性是如何判断的？

水溶液中酸碱性判断用 H^+ 和 OH^- 的相对大小作为判断，298.15K 时，用 pH 小于、大于、等于 7 作为依据。弱酸、弱碱的强弱用 $K_a^\ominus$、$K_b^\ominus$ 的大小判断，$K_a^\ominus$、$K_b^\ominus$ 越大，弱酸、弱碱的酸、碱性越强。两性物质的酸碱性用其 $K_a^\ominus$ 和 $K_b^\ominus$ 的相对大小判断，若 $K_a^\ominus>K_b^\ominus$，水溶液显酸性，若 $K_a^\ominus<K_b^\ominus$，溶液显碱性，若 $K_a^\ominus=K_b^\ominus$，溶液显中性。

6. 影响解离度的外部因素是什么？

影响解离度的外部因素除了温度、浓度、溶剂以外，还有其他电解质的加入对解离度的影响；如同离子效应和盐效应，同离子效应使弱电解质的解离度减小，盐效应使弱电解质的解离度略有增大。

7. 浓度、解离度、解离平衡常数、pH 之间是如何相互换算的？

根据弱电解质 pH 的近似计算公式和稀释定律可以进行浓度、解离度、解离平衡常数、pH 之间的相互换算。

8. 已知某浓度的一元弱碱，其解离度为 2.0%，$K_b^\ominus=1.6x10^{-5}$，求该一元弱碱的浓度和溶液的 pH 值。

答：由于 α = 2.0% < 5.0%，所以根据稀释定律：

$$c=\frac{K_b^\ominus}{\alpha^2}=\frac{1.6\times10^{-5}}{0.02^2}=0.040mol/L$$

$$[OH^-]=c\alpha=0.040\times0.020=8.0\times10^{-4}mol/L$$

$$pOH = 3.10, pH = 10.90$$

9. 如何选择缓冲对？缓冲溶液的浓度，解离常数、pH 是如何相互换算的？

配制某一 pH 的缓冲溶液时，为了使其具有较大的缓冲能力，尽可能选择共轭酸的酸常数 $pK_a^\ominus$ 等于或接近所配溶液的 pH 值的缓冲对。缓冲溶液的浓度、解离常数、pH 值之间可以相互换算。

10. 已知 NH_3 水的 $pK_b^\ominus = 4.76$，H_3PO_4 的 $pK_a^\ominus = 2.16$，$pK_{a2}^\ominus = 7.21$，$pK_{a3}^\ominus = 12.32$，欲配制 pH = 9.00 的缓冲溶液，可选择的缓冲对是什么？

A. NH_3-NH_4Cl　　B. H_3PO_4-NaH_2PO_4

C. NaH_2PO_4-Na_2HPO_4　　D. Na_2HPO_4-Na_3PO_4

A。NH_3 水的 $pK_b^\ominus = 4.76$，NH_4^+ 的 $pK_a^\ominus = 9.24$，与 pH = 9.00 最接近。

11. 0.2mol/L 某一元弱酸溶液 30ml 与 10ml 0.2mol/L KOH 溶液混合。将混合液稀释到 100ml，溶液的 pH 值为 5.00. 求此一元弱酸溶液的解离常数。

混合后，酸过量。过量的酸和生成的盐组成缓冲溶液。

$$c(HA) = \frac{0.2mol/L \times 0.03L - 0.2mol/L \times 0.01L}{0.1L} = 0.040mol/L$$

$$c(A^-) = \frac{0.2mol/L \times 0.01L}{0.10L} = 0.02mol/L$$

代入缓冲溶液计算公式：$pH = pK_a^\ominus + \lg\frac{c(A^-)}{c(HA)}$

$$5.00 = pK_a^\ominus + \lg\frac{0.020}{0.040}$$

$$K_a^\ominus = 5.0 \times 10^{-6}$$

12. 解析下题

（1）相同浓度的下列溶液，pH 值最小的是哪一个？

A. NH_4Ac　　B. Na_3PO_4　　C. NaH_2PO_4　　D. Na_2HPO_4

C。$H_2PO_4^-$ 的 $K_a^\ominus > K_b^\ominus$，水溶液显酸性，pH 最小。

（2）273K 时，水的 $K_w^\ominus = 1.14 \times 10^{-15}$；在 273K 时，pH = 7 的溶液是哪个？

A. 中性　　B. 酸性　　C. 碱性　　D. 缓冲溶液

B。在 273K 时，pH = 7 的溶液，$[H^+] = 1.0 \times 10^{-7}$，由 $K_w^\ominus = 1.14 \times 10^{-15}$ 算出 $[OH^-] = 1.14 \times 10^{-8}$，$[H^+] > [OH^-]$，显酸性。

（3）在 NH_3 水中加入下列哪种物质时，可使 NH_3 水的解离度和 pH 均减小。

A. NaOH　　B. NH_4Cl　　C. HCl　　D. H_2O

B。同离子效应使 NH_3 水的解离度减小，$[OH^-]$ 减小，pH 减小。

13. 怎样判断能否生成沉淀或沉淀能否溶解？

根据溶度积规则进行判断：当 $Q = K_{sp}^\ominus$ 时，溶液是饱和溶液，即达到沉淀-溶解平衡状态。当 $Q < K_{sp}^\ominus$ 时，溶液是不饱和溶液，无沉淀析出；若体系中有固体存在，固体继续溶解，直至达新的平衡（饱和）为止。当 $Q > K_{sp}^\ominus$ 时，溶液是过饱和溶液，沉淀从溶液中析出，直至饱和为止。

14. 可以根据难溶强电解质的溶度积来判断溶解度的大小吗？

对于同种类型的难溶强电解质，由于溶度积与溶解度的关系表达式相同，所以可以直接比较，溶度积 $K_{sp}^\ominus$ 愈大，溶解度 S 也愈大，反之亦然。对于不同类型的难溶强电解质，则不能直接根据溶度积 $K_{sp}^\ominus$ 的大小来判断溶解度 Q 的大小，需通过计算说明。例如 298K 下，$K_{sp}^{\ominus}(AgCl)=1.77\times10^{-10}>K_{sp}^{\ominus}(Ag_2CrO_4)=1.12\times10^{-12}$,但是 AgCl 的溶解度 1.33×10^{-5}mol/L 小于 Ag_2CrO_4 的溶解度 6.54×10^{-5}mol/L。

15. 分步沉淀时如何判断哪一种离子先沉淀?

如果溶液中有两种或两种以上的离子都能与沉淀剂生成沉淀时，离子沉淀的顺序决定于沉淀的 $K_{sp}^{\ominus}$ 和被沉淀离子的浓度。对于同种类型的沉淀，若沉淀的 $K_{sp}^{\ominus}$ 相差较大，一般 $K_{sp}^{\ominus}$ 小的先沉淀，$K_{sp}^{\ominus}$ 大的后沉淀。对于不同类型的沉淀，就不能直接根据 $K_{sp}^{\ominus}$ 的大小来判断沉淀的先后顺序，需根据计算结果确定，所需沉淀剂浓度小的先生成沉淀。

三、补充习题

（一）单项选择题

1. 下列为弱电解质的是________。

A. CH_3COOH　　B. CH_3COONa　　C. NaCl　　D. HCl

2. 反应 $H_2+Br_2 \rightleftharpoons 2HBr$，在下列条件下建立化学平衡，$[H_2]=0.5$mol/L、$[Br_2]=0.1$mol/L、$[HBr]=1.6$mol/L,则平衡常数是________。

A. 51.2　　B. 1.6　　C. 32　　D. 16

3. 在 HAc 溶液中，加入 HCl，下列说法正确的是________。

A. 化学平衡向弱电解质分子数增多的方向移动　B. 使电离度增大

C. 电离平衡不发生移动　　D. 不产生同离子效应

4. 下列弱酸中，酸性较强的是________。

A. HAc($K_a=1.76\times10^{-5}$)　　B. HCN($K_a=4.93x10^{-10}$)

C. H_2CO_3($K_a=4.3x10^{-7}$)　　D. H_2S($K_a=9.1\times10^{-8}$)

5. 水的离子积适用范围是________。

A. 纯水和中性溶液　　B. 酸性溶液　　C. 碱性溶液　　D. 以上都适用

6. pH = 12 的一元强碱溶液与 pH = 2 的弱酸溶液等体积混合后，对混合溶液的酸碱性是________。

A. pH = 10　　B. pH < 7　　C. pH > 7　　D. pH = 7

7. 使酚酞试液变红的溶液是________。

A. $(NH_4)_2SO_4$　　B. $FeCl_3$

C. Na_2SO_4　　D. NaAc

8. 298K 时，pH = 6 的溶液中 $[OH^-]$ 是 pH = 10 的 $[OH^-]$ 的________倍。

A. 2　　B. 10^4　　C. 2　　D. 10^{-4}

9. 根据酸碱质子理论，下列水溶液中，碱性最弱的离子是________。

A. NO_3^-　　B. ClO_4^-　　C. Cl^-　　D. SO_4^{2-}

10. HPO_4^{2-} 的共轭酸为________。

A. H_3PO_4　　B. $H_2PO_4^{2-}$

C. $H_2PO_4^-$　　D. PO_4^{3-}

11. 下列描述正确的是________。

A. 离子浓度越大、离子强度越大、活度系数越小

B. 离子浓度越小、离子强度越小、活度系数越小

C. 离子浓度越大、离子强度越小、活度系数越小

D. 离子浓度越小、离子强度越大、活度系数越大

12. pH = 2 的 HCl 溶液和 pH = 11 的 NaOH 溶液等体积混合，该溶液 pH 值为________。

A. 2 ~ 3　　B. 3 ~ 4　　C. 6 ~ 7　　D. 11 ~ 12

13. HCl 溶液浓度是 HAc 溶液的 2 倍，则 HCl 溶液的 $[H^+]$ 是 HAc 溶液 $[H^+]$ 的________。

A. 很多倍　　B. 2 倍　　C. 10 倍　　D. 相同

14. 下列化合物中，水溶液 pH 最小的是________。

A. NaH_2PO_4　　B. Na_2HPO_4

C. $NaHCO_3$　　D. NaHS

15. 要配制 pH = 5.0 的缓冲溶液，选用下列哪个缓冲对________。

A. $HCOOH-HCOO^-$　　B. $HAc-Ac^-$

C. $NaH_2PO_4-Na_2HPO_4$　　D. $HCO_3^--CO_3^{2-}$

16. 在氨水溶液中加入 NaOH 会产生________。

A. 同离子效应　　B. 盐效应　　C. 两者均有　　D. 两者均无

17. 能破坏水的电离平衡，使溶液 pH > 7 的物质是________。

A. Cl_2　　B. Na_2CO_3　　C. NH_4Cl　　D. SO_2

18. 体液是一种缓冲溶液，它的缓冲作用是________。

A. 保持体液水分　　B. 维持体液 pH 几乎不变

C. 增加阴、阳离子浓度　　D. 增大或减小 pH 范围

19. 可组成缓冲溶液的是________。

A. 100ml 0.1mol/L HAc + 50ml 0.1mol/L NaOH

B. 100ml 0.1mol/L HAc + 100ml 0.1mol/L NaOH

C. 50ml 0.1mol/L HAc + 100ml 0.1mol/L NaOH

D. 100ml 0.1mol/L HAc + 100ml 0.1mol/L NaCl

20. 血液中的主要抗酸成分是________。

A. H_2CO_3　　B. Na_2CO_3

C. $NaHCO_3$　　D. Na_2HPO_4

21. AgCl 在纯水中的溶解度比在 0.10mol/L HCl 溶液中________。

A. 小　　B. 大　　C. 一样大　　D. 无法判断

22. 欲增加 $Mg(OH)_2$ 在水中的溶解度，可采用的方法是________。

A. 增大溶液 pH 值　　B. 加 NH_4Cl

C. 加 $MgSO_4$　　D. 加入 95% 乙醇

23. 已知 $K_{sp}^{\ominus}(AgCl) = 1.77 \times 10^{-10}$，$K_{sp}^{\ominus}(AgBr) = 5.35 \times 10^{-13}$，在含有等浓度的 Br^- 和 Cl^- 的混合溶液中逐滴加入 $AgNO_3$ 溶液，哪种离子先沉淀________。

A. Br^-　　B. Cl^-　　C. 同时沉淀　　D. 无法判断

24. 把少量浓溶液 $AgNO_3$ 加到饱和的 AgCl 溶液中，下列说法正确的是________。

A. AgCl 的溶度积增大　　B. AgCl 的溶解度增大

C. AgCl 的溶解度降低　　D. AgCl 的溶度积降低

25. 某温度下 $K_{sp}^{\ominus}[Mg(OH)_2] = 8.39 \times 10^{-12}$，则 $Mg(OH)_2$ 的溶解度为________ mol/L。

A. 2.05×10^{-6}　　B. 2.03×10^{-4}

C. 1.28×10^{-4}　　D. 2.90×10^{-6}

（二）多项选择题

1. 在氨溶液中，为了提高铵离子的浓度可以采取的方法有________。

A. 加氯化铵　　B. 加盐酸　　C. 加氢氧化钠

D. 加水　　E. 通入氨气

2. 向草酸溶液中，加入下列物质能产生同离子效应的是________。

A. NaAc　　B. Na_2CO_3　　C. NaOH

D. H_2SO_4　　E. NH_4Cl

3. 下面各种盐的水溶液中，显碱性的是________。

A. Na_2CO_3　　B. NaAc　　C. NH_4Cl

D. Na_2HPO_4　　E. Na_2SO_4

4. 能作为离子反应发生的条件的是________。

A. 生成难溶物质　　B. 生成难电离物质　　C. 生成离子

D. 颜色改变　　E. 生成挥发性物质

5. 室温下，pH = 12.00 的水溶液中，由水解离产生的 $[OH^-]$ 为________。

A. 1.0×10^{-7}　　B. 1.0×10^{-6}　　C. 1.0×10^{-2}

D. 1.0×10^{-12}　　E. 1.0×10^{-10}

6. 为了使氨水溶液的 pH 减小、解离度增大，可以向氨水溶液中加入________。

A. 水　　B. NaCl　　C. 浓氨水

D. HCl　　E. NH_4Cl

7. 下列属于两性物质的有________。

A. HS^-　　B. H_2O　　C. $C_2O_4^{2-}$

D. NH_4Ac　　E. $H_2PO_4^-$

8. 影响弱电解质解离度的因素有________。

A. 弱电解质的本性　　B. 温度　　C. 溶剂

D. 其他强电解质　　E. 浓度

9. 下列混合溶液属于缓冲溶液的有________。

A. NaOH 和过量的 NH_4Cl　　B. $NaHCO_3$ 和 Na_2CO_3

C. 过量的氨水和 HCl　　D. 等物质量 H_3PO_4 和 Na_2HPO_4

E. HCl 和 NaCl

10. 欲增加 $CaCO_3$ 在水中的溶解度，可以采取的措施________。

A. 加入 HCl 溶液　　B. 加入 Na_2CO_3 溶液

C. 加入 $CaCl_2$ 溶液　　D. 加入 NaCl 溶液

E. 减少溶液的 pH 值

11. $BaSO_4$ 的溶度积常数 $K_{sp}^{\ominus}=[Ba^{2+}][SO_4^{2-}]$，向 $BaSO_4$ 溶液中加入下列物质，$K_{sp}^{\ominus}$会发生变化对应的关系是________。

A. 加入 NaOH，$K_{sp}^{\ominus}$变大

B. 加入 $BaCl_2$，$K_{sp}^{\ominus}$不变

C. 加入 HCl，$K_{sp}^{\ominus}$变大

D. 加入 H_2O，$K_{sp}^{\ominus}$不变

E. 加入 Na_2SO_4，$K_{sp}^{\ominus}$变小

12. 下列有关分步沉淀的叙述正确的是________。

A. 溶度积小的先沉淀

B. 溶度积大的先沉淀

D. 离子积先达到溶度积的先沉淀

D. 被沉淀离子浓度大的先沉淀

E. 相同类型的沉淀且被沉淀离子浓度相同时溶度积小的先沉淀

（三）判断题

1. 酸碱质子论认为，酸碱的相对强弱只决定于酸碱的本性。（ ）
2. 一元强酸和一元强碱等物质的量中和，溶液的 pH =7。（ ）
3. 在 HCOOH 中加入 HCOONa 使甲酸的解离度和 pH 均减小。（ ）
4. 解离度和解离平衡常数均可以表示弱电解质的解离程度，它们都与温度和浓度有关。（ ）
5. 缓冲溶液加适量水稀释时，其 pH 基本不变，但其缓冲能力变小。（ ）
6. 将 HAc 溶液和 HCl 溶液的浓度各稀释为原来的$\frac{1}{2}$，则两种溶液中 H^+ 浓度均减小为原来的$\frac{1}{2}$。（ ）
7. 中和等体积 pH 值相同的 $NH_3 \cdot H_2O$ 及 NaOH 溶液，所需 HCl 的物质的量不同。（ ）
8. 水溶液中，若两性物质给出质子能力大于接受质子能力则显弱酸性。（ ）
9. 决定缓冲溶液缓冲能力的主要因素有共轭酸碱的浓度比和总浓度。（ ）
10. 路易斯酸碱理论认为酸碱反应的实质是酸碱之间的质子转移。（ ）
11. 弱酸及其盐即可构成缓冲溶液。（ ）
12. 多元弱酸的酸性主要由第一步的电离来决定。（ ）
13. NaCl、NH_4Ac 的水溶液都显中性，是因为都不水解的缘故。（ ）
14. 同离子效应的结果，使弱电解质的电离度减小。（ ）
15. 能使甲基橙指示剂变黄的溶液一定显碱性。（ ）
16. 沉淀溶解平衡发生移动，溶度积常数也一定随之改变。（ ）
17. 在相同温度下，两种难溶强电解质相比较，溶度积愈大则其溶解度也愈大。（ ）
18. 溶度积的大小取决于物质的本性和温度，与浓度无关。（ ）
19. 在混合离子溶液中加入沉淀剂，溶度积小的先沉淀。（ ）
20. 加入沉淀剂使溶液中的离子沉淀完全是指离子浓度达到零。（ ）

（四）填空题

1. 酸碱质子论中，酸给出质子后变为________，酸碱的这种关系称为________。
2. 离子强度的计算公式________，活度与活度系数的关系式__________。
3. 将 100ml 纯水的 pH 由 7 变为 4，需用 0.10mol/L 的 HCl ________ml。
4. 298K 时，某一元弱碱的碱常数 $K_b^{\ominus}=1.0\times10^{-6}$，则其共轭酸 HA 的酸常数 $K_a^{\ominus}=$__________。
5. 由于 S^{2-} 的 $K_{b1}^{\ominus}>>K_{b2}^{\ominus}$，求算 S^{2-} 溶液中 OH^- 浓度只需考虑______，$[OH^-]$ 的计算公式为_______。

6. 同离子效应使弱电解质的解离度__________，盐效应使弱电解质的解离度__________。

7. 为了配制有较大缓冲能力的缓冲溶液，选取缓冲对的________接近或等于所配缓冲溶液的 pH，使浓度比控制在________，代入缓冲溶液近似计算公式，得缓冲范围为____________________。

8. 某实验室对一样品进行分析，经煮沸后初步检查溶液呈强酸性，在 S^{2-}、CN^-、CO_3^{2-}、SO_4^{2-} 中，能够大量存在的是__________。

9. 配制 $Bi(NO_3)$ 溶液时，需将固体 $Bi(NO_3)_3$ 溶解在__________中，然后再加水稀释，目的是抑制 $Bi(NO_3)_3$ 的__________。

10. 298K 时，将 pH = 11.00 和 pH = 13.00 的两种 NaOH 等体积混合后，混合溶液的 pH = ______。

11. 人体内对维持血液的正常 pH 起着决定作用的缓冲对是____。

12. ____盐水解其溶液一定显碱性；______盐水解其溶液一定显酸性。

13. $K_{sp}^{\ominus}$的大小与难溶强电解质的________和________有关。

14. 溶解的方法一般有________，________和________。

15. $BaCO_3$ 溶液中加入 $BaCl_2$ 会使 $BaCO_3$ 的溶解度________，这种效应称为________；若加入 NaCl 溶液，则会使 $BaCO_3$ 溶解度________，这种效应称为________。

（五）综合问答题

1. 名词解释

（1）离子强度和活度系数

（2）水的离子积常数

（3）解离常数、解离度和稀释定律

（4）同离子效应和盐效应

（5）缓冲溶液和缓冲范围

2. 根据弱电解质的解离常数，确定下列各水溶液在相同浓度下，pH 由小到大的顺序。$H_2C_2O_4$、HCOOH、H_3PO_4、NaF、NH_4Cl、$NH_3 \cdot H_2O$、HCl、NaOH

3. 下列说法是否正确？为什么？

（1）一种酸的酸性越强，其共轭碱的碱性越弱。

（2）强电解质溶液的活度系数总是小于 1。

（3）pH < 7 的溶液一定是酸性溶液。

（4）298K 时，pH = 6 的 HCl 溶液稀释 100 倍后，pH = 8。

（5）0.20mol/L 的 HAc 溶液稀释为 0.10mol/L 后，氢离子浓度也为原来的 1/2。

（6）缓冲溶液适量稀释后，其 pH 基本不变。

4. 何谓两性物质？其在水溶液中的酸碱性如何判断？

5. 在 HAc 溶液中加入下列物质时，HAc 的解离度 α 和溶液的 pH 将如何变化？

（1）加水稀释　（2）加 NaAc　（3）加 NaCl　（4）加 HCl　（5）加 NaOH

6. 在 0.1mol/L HAc 溶液中，加入等体积的 0.1mol/L NaAc 后，HAc 的电离度将怎样变化？分析其原因。并把 Na^+、H^+、Ac^-、OH^-、HAc 的浓度按由大到小的顺序排列。

7. 下列物质中，能组成几个缓冲对？各是什么？

HAc、NaH_2PO_4、H_2CO_3、$NH_3 \cdot H_2O$、$NaHCO_3$、Na_2CO_3、NaAc、NH_4Cl、Na_2HPO_4

8. 难溶电解质的溶度积与溶解度之间的关系？

9. 写出难溶电解质 $AgCrO_4$、$Mg(OH)_2$、$Ca_3(PO_4)_2$ 的溶度积的表达式。

10. 怎样才算达到沉淀完全？为什么沉淀完全时被沉淀离子的浓度不等于零？

（六）计算题

1. 计算 298K 时，下列混合溶液的 pH。

（1）pH = 1.00 和 pH = 3.00 的 HCl 等体积混合

（2）pH = 1.00 的 HCl 和 pH = 12.00 的 NaOH 等体积混合

2. 阿司匹林的有效成分是乙酰水杨酸 $HC_9H_7O_4$，其 $K_a^\ominus = 3.0 \times 10^{-4}$。在水中溶解 6.5g 乙酰水杨酸，最后稀释至 650ml，计算该溶液的 pH。

3. 298K 时，已知 0.1mol/L 的某一元弱酸溶液的 pH 为 3.0，试计算：

（1）该酸的解离常数和解离度；

（2）将该酸溶液稀释一倍后的解离度和 pH。

4. 现有 0.1mol/L HCl 溶液，问：

（1）若改变其 pH = 4.0，应该加入 HAc 还是 NaAc？

（2）如果加入等体积的 1.0mol/L NaAc 溶液，则混合溶液的 pH 是多少？

（3）如果加入等体积的 1.0mol/L NaOH 溶液，则混合溶液的 pH 又是多少？

5. 欲配制 500ml pH 为 5.00 的缓冲溶液，问在 250ml 1.0mol/L NaAc 溶液中，应加入多少毫升 6.0mol/L HAc 溶液？（已知 $pK_a^\ominus = 4.76$）

6. 现有 1.0L 0.2mol/L 的 $NH_3 \cdot H_2O$ 和 1.0L 0.2mol/L 的 HCl，若配制 pH = 9.0 的缓冲溶液，不允许加水，最多能配制多少升缓冲溶液？

7. 取 0.1mol/L 某一元弱碱溶液 40.00ml，与 0.1mol/L HCl 溶液 20.00ml 混合，测得其 pH 为 9.20。试求此弱碱 B^- 的解离平衡常数。

8. 欲配制 pH = 5 的缓冲溶液，试计算在 100ml 的 0.1mol/L HAc 溶液中加入 0.1mol/L NaOH 溶液多少毫升？

9. 在 0.05 L Pb^{2+} 浓度为 3.0×10^{-4}mol/L 的溶液中加入 0.1L I^- 浓度为 0.0030mol/L 的溶液后，能否产生 PbI_2 沉淀？已知 $K_{sp}^\ominus(PbI_2) = 9.8 \times 10^{-9}$。

10. 在浓度均为 0.010mol/L 的 I^-、Cl^- 溶液中加入 $AgNO_3$ 溶液是否能达到分离的目的。已知：$K_{sp}^\ominus(AgCl) = 1.77 \times 10^{-10}$，$K_{sp}^\ominus(AgI) = 8.52 \times 10^{-17}$。

四、参考答案

（一）单项选择题

1－5. AAAAD　6－10. CDDBC　11－15. AAAAB　16－20. CBBAC　21－25. BBACC

（二）多项选择题

1. ABE　2. AD　3. ABD　4. ABE　5. CD　6. AD　7. ABDE　8. ABCDE　9. ABC　10. ADE　11. BD　12. CE

（三）判断题

1－5. ××××√　6－10. ×√√√×　11－15. ×√×√×　16－20. ××√××

（四）填空题

1. 共轭碱；共轭关系

2. $I=\frac{1}{2}\sum_i b_i Z_i^2$；$\alpha_i=\gamma_i \cdot c_i/c^\ominus$

3. 0.10

4. 1.0×10^{-8}

5. 第一步质子传递平衡；$[OH^-]=\sqrt{cK_{b1}^\ominus}$

6. 减少；增大

7. $pK_a^\ominus$；$\frac{1}{10}\sim10$；$pH=pK_a^\ominus\pm1$

8. SO_4^{2-}

9. HNO_3；解离

10. 12.7

11. $H_2CO_3-NaHCO_3$ 或 $KHCO_3$

12. 弱酸强碱；强酸弱碱

13. 本性；温度

14. 生成弱电解质；氧化还原反应；生成配合物

15. 减小；同离子效应；略有增大；盐效应

（五）综合问答题

1.（1）离子强度表示溶液中离子间相互牵制作用的强弱程度。离子强度与溶液中所含离子的质量摩尔浓度和离子电荷数有关。可表示为：$I=\frac{1}{2}\sum_i b_{izi}$

将离子浓度以活度表示时所相乘的校正系数称活度系数，以符号 γ 表示。

（2）一定温度下，水溶液 H^+ 和 OH^- 离子的相对平衡浓度的乘积是一常数，称为水的离子积常数，以 $K_w^\ominus$ 表示。

（3）一定温度下，当弱电解质溶液达解离平衡时，已解离的电解质分子数与电解质总分子数之比称为解离度。一定温度下，弱电解质达到解离平衡（或质子传递平衡）时的标准平衡常数称解离常数。解离度、解离常数、溶液浓度三者之间的定量关系，称为稀释定律。稀释定律的含义是：在一定温度下，同一弱电解质的解离度与其浓度的平方根成反比；相同浓度的不同弱电解质的解离度与解离常数的平方根成正比。

（4）在弱电解质溶液中，加入与弱电解质具有相同离子的强电解质时，使弱电解质的解离度减小的效应称同离子效应。在弱电解质溶液中，加入与弱电解质不具有相同离子的强电解质时，使弱电解质的解离度略有增大的效应称盐效应。

（5）能抵抗外来少量强酸、强碱以及适当的稀释和浓缩而保持本身 pH 值基本不变的溶液称缓冲溶液。为使所配制的缓冲溶液具有较大的缓冲能力，浓度比一般控制在 $\frac{1}{10}\sim10$ 之间，代入缓冲溶液 pH 近似计算公式可得到相应缓冲溶液 pH 有效范围，简称缓冲范围。即 $pH=pK_a^\ominus\pm1$。

2. pH 由小到大的顺序是：HCl、$H_2C_2O_4$、H_3PO_4、HCOOH、NH_4Cl、NaF、$NH_3\cdot H_2O$、NaOH

3.（1）正确。一个酸的酸性越强，表明该酸给出质子的能力强，因此，对应的共轭碱接受质子的能力就弱，其共轭碱的碱性越弱。

（2）正确。根据强电解质溶液理论，强电解质在溶液中是100%电离的，但由于离子间的相互作用，使溶液中的离子不能完全自由地发挥效能，有效离子浓度小于真实的离子浓度，降低了离子自由运动的活度。

（3）错误。298K，室温范围内，pH <7 的溶液才是酸性溶液。

（4）错误。酸性较强的强酸溶液可以不考虑水的解离，但是对于酸性较弱的强酸溶液必须要考虑水的解离，否则会得出荒谬的结论。

（5）错误。由一元弱酸的近似计算公式：$[H^+]=\sqrt{c \cdot K_a^{\ominus}}$，可知浓度变为原来的 $\frac{1}{2}$，氢离子浓度为原来的 $\sqrt{\frac{1}{2}}$。

（6）正确。根据缓冲溶液的近似计算公式，适量稀释后，共轭酸碱稀释倍数相同共轭酸碱浓度比不变，pH 基本不变。

4. 酸碱质子理论认为，有些物质既能给出质子又能接受质子，称两性物质。其在水溶液中的酸碱性，可以根据两性物质的 $K_a^{\ominus}$ 和 $K_b^{\ominus}$ 的相对大小判断。若 $K_a^{\ominus} > K_b^{\ominus}$，水溶液显酸性，若 $K_a^{\ominus} < K_b^{\ominus}$，溶液显碱性，若 $K_a^{\ominus} = K_b^{\ominus}$，溶液显中性。

5.（1）α 变大，pH 变大；（2）α 变小，pH 变大；（3）α 变大，pH 变小；（4）α 变小，pH 变小；（5）α 变大，pH 变大。

6. 因 HAc 是弱电解质，在水溶液中存在平衡 $HAc = H^+ + Ac^-$，当加入 NaAc 后，增加 $[Ac^-]$，使 HAc 的电离平衡向生成 HAc 分子的方向移动，即 HAc 的电离度降低。这就是在弱电解质溶液中，加入与弱电解质具有相同离子的强电解质时，使弱电解质的电离度减小，产生同离子效应的结果。

浓度由大到小的顺序：$Ac^- > Na^+ > HAc > H^+ > OH^-$

7. 能组成五个缓冲对。

$HAc-NaAc$；$H_2CO_3-NaHCO_3$；$NaHCO_3-Na_2CO_3$；$NH_3 \cdot H_2O-NH_4Cl$；$NaH_2PO_4-Na_2HPO_4$。

8. 对于同种类型的难溶强电解质，由于溶度积与溶解度的关系表达式相同，所以可以直接比较，溶度积 $K_{sp}^{\ominus}$ 愈大，溶解度 Q 也愈大，反之亦然。对于不同类型的难溶强电解质，则不能直接根据溶度积 $K_{sp}^{\ominus}$ 的大小来判断溶解度 Q 的大小，可通过溶度积来计算溶解度，然后再进行比较。

9. $K_{sp}^{\ominus}(Ag_2CrO_4) = [Ag^+][CrO_4^{2-}]$

$K_{sp}^{\ominus}[Mg(OH)_2] = [Mg^{2+}][OH^-]^2$

$K_{sp}^{\ominus}[Ca_3(PO_4)_2] = [Ca^{2+}]^3[PO_4^{3-}]^2$

10. 一般离子与沉淀剂生成沉淀物后，当残留在溶液中的某种离子浓度低于 1.0×10^{-5} mol/L 时就可以认为这种离子沉淀完全了。因生成沉淀的反应为可逆反应，所以沉淀完全时被沉淀离子的浓度不等于零。

（六）计算题

1.（1）$pH = -\lg[H^+]$

$pH = 1.00$ 即 $c(H^+) = 0.1$ mol/L

$pH = 3.00$ 即 $c(H^+) = 0.001$ mol/L

等体积混合后 $c(H^+)=\frac{0.001+0.1}{2}=0.0505mol/L$

$pH=-\lg[H^+]=-\lg0.0505=1.30$

（2） $pH=-\lg[H^+]$

$pH=1.00$ 即 $c(H^+)=0.1mol/L$

$pH=12.00$ 即 $c(OH^-)=0.01mol/L$

等体积混合后 $c(H^+)=\frac{0.1-0.01}{2}=0.045mol/L$

$pH=-\lg[H^+]=-\lg0.045=1.35$

2. 已知 $c=\frac{6.5}{180\times0.65}=0.056mol/L, K_a^\ominus=3.0\times10^{-4}$

$\because c\cdot K_a^\ominus=1.68\times10^{-5}>20K_w^\ominus, \frac{c}{K_w^\ominus}=\frac{0.056}{3.0\times10^{-4}}=186.7<500$

∴ 需用近似公式计算

$[H^+]=-\frac{K_a^\ominus}{2}+\sqrt{-\frac{K_a^\ominus}{2}+c\cdot K_a^\ominus}=4.0\times10^{-3}mol/L$

$pH=-\lg[H^+]=-\lg(4.0\times10^{-3})=2.40$

3. (1) $pH=3.00$，即 $c(H^+)=1.0\times10^{-3}mol/L$

$[H^+]=c\cdot\alpha$

$\alpha=\frac{[H^+]}{c}=\frac{1.0\times10^{-3}}{0.10}=1.0\times10^{-2}=1\%<5\%$

根据稀释定律则：

$K_a^\ominus=c\alpha^2=0.10\times(1.0\times10^{-2})^2=1.0\times10^{-5}$

（2） 将该酸溶液稀释一倍后

$c(HAc)=5.0\times10^{-2}mol/L, K_a^\ominus=5.0\times10^{-7}>20K_w^\ominus, \frac{c}{K_a^\ominus}=\frac{0.25}{10^{-5}}>500$

∴ 用简式计算

$[H^+]=\sqrt{c\cdot K_a^\ominus}=\sqrt{0.05\times10^{-5}}=7.1\times10^{-4}$

$pH=3.15$

$\alpha=\frac{[H^+]}{c}\times100\%=\frac{7.1\times10^{-4}}{0.05}\times100\%=1.4\%$

4. （1） 应该加入 NaAc 溶液，酸碱中和 pH 才能变大。

（2） 加入等体积的 1.0mol/L NaAc 溶液，H^+ 和 Ac^- 结合为 HAc，NaAc 过量，过量的 NaAc 和生成的 HAc 组成缓冲溶液。

$c(Ac^-)=1.0mol/L\times V-0.1mol/L\times V/2V=0.45mol/L$

$c(HAc)=0.1mol/L\times V/2V=0.05mol/L$

$pH=pK_a^\ominus+\lg\frac{c(\text{共轭碱})}{c(\text{共轭酸})}=4.76+\lg\frac{c(Ac)^-}{c(HAc)}=4.76+\lg\frac{0.45}{0.45}=5.71$

（3） 加入等体积的 1.0mol/L NaOH 溶液，H^+ 和 OH^- 结合为 H_2O，NaOH 过量，过量的 NaOH 浓度为：

$c(OH^-)=1.0mol/L\times V-0.1mol/L\times V/2V=0.45mol/L$

$pH=14-pOH=14+\lg0.45=13.65$

5. 设需要加入 Vml 的 HAc 溶液。

$$pH=pK_a^\ominus+\lg\frac{c(\text{共轭碱})}{c(\text{共轭酸})}=4.76+\lg\frac{c(Ac)^-}{c(HAc)}=5.00$$

$$\frac{c(Ac^-)}{c(HAc)}=\frac{n(Ac^-)}{n(HAc)}=1.74$$

$250ml\times0.1mol/L/6.0mol/L\times V=1.74$

$V=24ml$

∴ 量取 250ml 1.0mol/L NaAc 溶液和 24ml 6.0mol/L HAc 溶液混合，加水稀释至 500ml。

6. 要配制 $NH_3\cdot H_2O$ 和 NH_4Cl 组成的缓冲溶液，而且 HCl 明显过量。

已知 $NH_3\cdot H_2O$ 的 $pK_b^\ominus=4.76$

NH_4^+ 的 $pK_a^\ominus=14-pK_b^\ominus=14-4.76=9.24$

$$pH=pK_a^\ominus+\lg\frac{c(\text{共轭碱})}{c(\text{共轭酸})}=9.24+\lg\frac{c(NH_3\cdot H_2O)}{c(NH_4^+)}=9.00$$

$$\lg\frac{c(NH_3\cdot H_2O)}{c(NH_4^+)}=-0.24$$

$$\frac{c(NH_3\cdot H_2O)}{c(NH_4^+)}=0.575$$

$HCl+NH_3\cdot H_2O \qquad NH_4Cl+H_2O$

即反应剩下的 $NH_3\cdot H_2O$ 和反应消耗掉的 $NH_3\cdot H_2O$ 的比值为 0.575，而反应消耗掉的 $NH_3\cdot H_2O$ 和反应消耗的 HCl 的物质的量比为 1∶1，反应消耗掉的 $NH_3\cdot H_2O$ 和反应生成的 NH_4Cl 的物质的量比为 1∶1

$V_{HCl}=1.0L-1.0\times0.575/1+0.575=0.63L$

故最多能配制 1.63L。

7. 一元弱碱 B^- 及 HCl 存在下列质子传递平衡

	HCl +	B^- ⇌ HB +	Cl^-
反应前相对浓度：	$\frac{20\times0.1}{60}=0.033$	$\frac{40\times0.1}{60}=0.067$	0
反应后相对浓度：	0	0.033	0.033

在弱碱 B^- 及其共轭 HB 组成的缓冲溶液中：

$$pH=pK_a^\ominus+\lg\frac{c(\text{共轭碱})}{c(\text{共轭酸})}=9.24+\lg\frac{c(B^-)}{c(HB)}=pK_a^\ominus+\lg\frac{0.033}{0.033}=9.20$$

$pK_a^\ominus=14-pK_b^\ominus=14-9.20=4.80 \qquad pK_b^\ominus=1.58\times10^{-5}$

8. 因为发生酸碱中和反应，且被中和 HAc 的量等于生成 Ac^- 的量，等于加入 NaOH 的量。因此，设需加入 NaOH 溶液为 $x$ml，V 为缓冲溶液体积即 $V=100ml+x$ml

$$HAc+OH^-\rightleftharpoons Ac^-+H_2O$$

反应后平衡浓度：　$\frac{0.1(100-x)}{V}$　$\frac{0.1x}{V}$

依据 $pH = pK_a^\ominus + \lg \frac{c(\text{共轭碱})}{c(\text{共轭酸})}$ 得：

$5 = 4.75 + \lg \frac{c(Ac^-)}{c(HAc)} = 4.75 + \lg \frac{x}{(100-x)}$

$1.78 = \frac{x}{100-x}$

$x = 64ml$

答：在100ml的0.1mol/L NaOH溶液64ml。

9. 混合后 $c(Pb^{2+}) = 0.05L \times 3.0 \times 10^{-4}mol/L/0.15L = 1.0 \times 10^{-4}mol/L$

$c(I^-) = 0.10L \times 0.0030mol/L/0.15L = 2.0 \times 10^{-3}mol/L$

$Q = c(Pb^{2+}) \cdot c(I^-) = 1.0 \times 10^{-4} \times [2.0 \times 10^{-3}]^2 = 4.0 \times 10^{-10} < K_{sp}^\ominus(PbI_2) = 9.8 \times 10^{-9}$

根据溶度积规则，无 PbI_2 沉淀生成。

10. 因 I^-、Cl^- 起始浓度相同，$K_{sp}^\ominus(AgCl) > K_{sp}^\ominus(AgI)$，所以AgI先沉淀。

当AgCl开始沉淀时，$[Ag^+] = K_{sp}^\ominus(AgCl)/[Cl^-] = 1.77 \times 10^{-10}/0.010 = 1.77 \times 10^{-8}$

当 $c(Ag^+) = 1.77 \times 10^{-8}mol/L$ 时，$[I^-] = K_{sp}^\ominus(AgI)/[Ag^+] = 8.52 \times 10^{-17}/1.77 \times 10^{-8}$

$= 4.81 \times 10^{-9} < 10^{-5}mol/L$

所以AgCl开始沉淀时，AgI已经完全沉淀，能达到分离的目的。

第六章 氧化还原反应

学习目标

1. **掌握** 氧化还原反应方程式的配平；Nernst 方程式；电极电势的应用及有关计算。

2. **熟悉** 氧化数、氧化剂、还原剂等基本概念；原电池的组成，电极反应及电池反应的关系；根据电极电势图求算未知电对的标准电极电势；判断歧化反应进行的方向。

3. **了解** 电极电势的概念。

考核知识点

1. 氧化还原反应基本概念；方程式的配平及电极电势的应用。
2. 原电池的组成及电池符号的书写。
3. 触斯特方程的计算。

一、知识导航

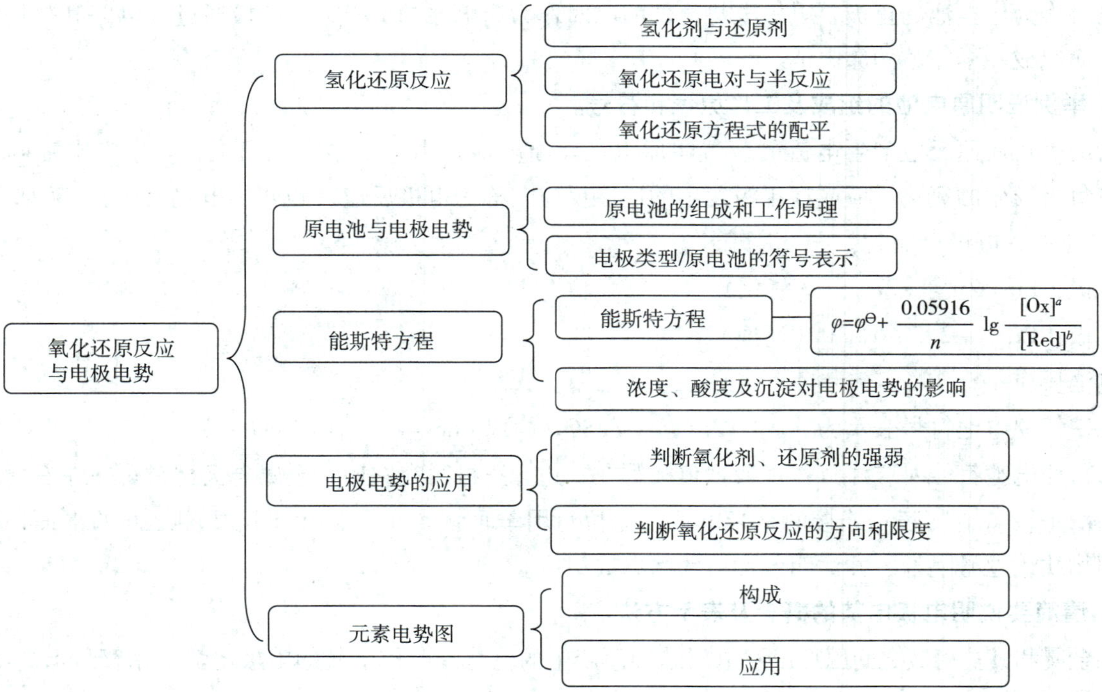

二、重难点解析

1. 什么是氧化值？如何计算分子或离子各个元素的氧化值？

氧化值是某一个元素一个原子的荷电数，这个荷电数可由假设把每个键中的电子指定给电负性更大的原子而求得。氧化值可以是正数、负数或分数。它可以表征元素原子在化合状态时的形式电荷数（或表观电荷数），而不强调它究竟以何种形式存在。在中性分子中，所有元素的氧化值的代数和为零。在多原子离子中，所有元素的氧化值的代数和等于离子所带的电荷数。对于简单离子，元素的氧化值等于离子所带的电荷数。

2. 如何判断反应是氧化还原反应？哪些物质是氧化剂？哪些物质是还原剂？

可以根据氧化值的改变进行判断，元素氧化值升高的过程是氧化，元素氧化值降低的过程是还原。凡是反应前后元素氧化值改变的反应都是氧化还原反应。

在氧化还原反应中，失去电子的物质是还原剂，得到电子的物质是氧化剂。

氧化还原反应遵循着对立统一规律，发生氧化反应的同时发生还原反应；有氧化剂的同时就有还原剂；有得电子物质的同时就有失电子物质。氧化剂得电子总数等于还原剂失电子总数，可概括如下。

（反应物）		（性质）		（特征）		（实质）		（变化）		（结果）
氧化剂	→	具有氧化性	→	化合价降低	→	得电子	→	发生还原反应	→	还原产物
还原剂	→	具有还原性	→	化合价升高	→	失电子	→	发生氧化反应	→	氧化产物

3. 如何把一个氧化还原反应设计成原电池？

先把氧化还原反应拆成两个半反应，一个失电子为氧化反应，一个得电子为还原反应，电极电势值高的电对作为原电池的正极，电极电势值低的电对作为原电池的负极，将两极通过外电路和盐桥连接起来，进而组成一个完整的原电池。

4. 举例说明原电池的组成及工作原理和符号。

借助氧化还原反应产生电流的装置叫原电池。原电池是由两个半电池组成，每个半电池叫一个电极。在负极发生的氧化反应或在正极发生的还原反应，称为电极反应（也叫半电池反应）。例如在 Cu－Zn 原电池中，电极反应为：

负极：$Zn \rightarrow Zn^{2+} + 2e^-$　（氧化）

正极：$Cu^{2+} + 2e^- \rightarrow Cu$　（还原）

电池反应：$Zn + Cu^{2+} \rightleftharpoons Zn^{2+} + Cu$

铜－锌原电池符号表示为：$(-)Zn(s) | ZnSO_4(c_1) \| CuSO_4(c_2) | Cu(s)(+)$

书写原电池符号时应注意：一般把负极写在左边，正极写在右边，金属电极材料写在左右两边的外侧，用双垂线“‖”表示连接两个半电池的盐桥，用单垂线“|”表示不同物相之间的界面，同一相内不同物质用逗号隔开，并注明各物质的状态或组成。

5. 请简要说明电极电势的概念及表示方法。

在金属和其盐溶液之间因形成双电层结构而产生的电势差叫作金属的电极电势，用符号 E（M"*/M）表示，单位为 V（伏）。在标准状状态下（100kPa，溶液离子浓度为 1mol/L），以标准氢电极为比较标准而测得的相对电极电势称为某电极的标准电极电势，用符号 $\varphi^{\ominus}$ 表示。

6. 试用能斯特方程式来说明影响电极电势的因素有哪些？

标准电极电势只适用于标准状态下，改变条件电极电势的也会改变。影响电极电势的因素主要是电极本性，还有温度、物质的浓度、气体的分压、溶液的 pH 值等诸多外界因素。这些影响因素可由 Nernst 方程式联系起来。

$$E = E^{\ominus} + \frac{RT}{nF}\ln\frac{c_{Ox}^{a}}{c_{Red}^{b}}$$

式中，Ox 表示氧化态物质，Red 表示还原态物质；a、b 分别表示 Ox、Red 的计量数；$E^{\ominus}$ 为电对的标准电极电势。

7. 标准电极电势值的用途是什么？氧化还原反应的方向如何判断？

标准电极电势值的高低可用来判断氧化剂和还原剂的相对强弱。氧化还原反应的方向，可以根据较强的氧化剂与较强的还原剂反应，生成较弱的氧化剂与较弱的还原剂来判断；也可以由氧化反应涉及的电动势判断。当 $E_{MF}>0$，反应正向自发进行；$E_{MF}<0$，反应逆向自发进行；$E_{MF}=0$，反应达到平衡。

8. 氧化还原反应的标准平衡常数如何计算？需要注意什么？

由 $E^{\ominus}$ 可以计算氧化还原反应的标准平衡常数 $K^{\ominus}$。298. 15K 时，氧化还原反应的平衡常数 $K^{\ominus}$ 的计算公式为

$$\lg K^{\ominus} = \frac{n\ (E_{+}^{\ominus} - E_{-}^{\ominus})}{0.0592} = \frac{nE_{MF}^{\ominus}}{0.0592}$$

n 为配平的氧化还原反应式中电子转移的数目。

9. 电极电势的应用

（1）比较氧化剂和还原剂的相对强弱　电极电势（φ）越大的电对，其氧化型物质越易得电子，氧化剂的氧化性越强，对应的还原型物质越难失电子，还原剂的还原性越弱；电极电势（φ）越小的电对，其还原型物质越易失电子，还原剂的还原性越强，对应的氧化型物质越难得电子，氧化剂的氧化性越弱。若在标准状态下比较即可。

（2）判断氧化还原反应的方向　应用原电池电动势的数值是否大于零来判断。$E=\varphi_{(+)}-\varphi_{(-)}=\varphi_{(氧)}-\varphi_{(还)}$，即原电池的电动势就等于氧化还原反应中氧化剂电对的电极电势减去还原剂电对的电极电势。如：E＞0，该反应向右（正向）进行；E＜0，该反应向左（逆向）进行；E＝0 该反应处于平衡状态。如果在标准状态下，可直接用 φ 来计算出 E 再进行判断。

（3）判断氧化还原反应进行的程度　①通过计算反应的平衡常数来判断氧化还原反应进行的程度。②可直接用反应中 $\varphi_{氧}$ 和 $\varphi_{还}$ 的大小来推测反应进行的程度，一般来说，两电对的 φ 相差越大，平衡常数（K）也越大，反应进行得越完全。如两电对的中 $\varphi^{\ominus}$ 相差在 0. 2～0. 4V 以上，反应的 $K>10^{6}$，就可认为反应向右进行的程度已相当完全。

10. 电位法测定溶液 pH 的原理和方法？

（1）原理　在待测溶液中插入指示电极和参比电极组成原电池。该原电池的电动势与溶液的 pH 存在一定的函数关系因而测出原电池的电动势即可求出溶液的 pH。

（2）电位法测定溶液 pH 的方法　以玻璃电极作为指示电极，饱和甘汞电极作为参比电极，与待测 pH 的溶液组成原电池。在 298. 15K 时，该电池的电动势为 $E=K+0.95\text{pH}$，采用两次测定法，即可消除公式中的常数项 K，从而求得待测溶液的 pH。

三、补充习题

（一）单项选择题

1. 下列化合物中，S 的氧化数为 +4 的是________。

A. H_2S　　B. $Na_2S_2O_3$　　C. Na_2SO_3　　D. Na_2SO_4

2. 下列关于氧化数的叙述中，说法不正确的是________。

A. 单质的氧化数为零　　B. 多原子分子中，各元素氧化数代数和为零

C. 氧化数可为整数或分数　　D. 氢元素氧化数只能为 +1

3. 下列说法错误的是________。

A. 在原电池中，正极发生氧化反应，负极发生还原反应

B. 在原电池中，电极电势较高的电对是原电池的正极

C. 在原电池中，电极电势较低的电对是原电池的负极

D. 原电池电动势等于正极的电势减去负极的电极电势

4. 下列有关氧化还原反应的叙述，不正确的是________。

A. 氧化还原反应必然有电子的得失或偏移

B. 氧化还原反应必然引起元素氧化数的改变

C. 同种元素的原子之间不会发生电子的偏移或得失

D. 氧化还原反应还原剂氧化数升高总数与氧化剂氧化数降低总数相等

5. 下列关于原电池叙述错误的是________。

A. 原电池是由两个半电池组成　　B. 原电池的正极发生还原反应

C. 原电池的负极发生氧化反应　　D. 原电池的电动势为 $E = \varphi_{(-)} - \varphi_{(+)}$

6. 在 $3Cl_2 + 6NaOH = NaClO_3 + 5NaCl + 3H_2O$ 的反应中，氧化剂与还原剂的质量之比是________。

A. 2∶1　　B. 1∶2　　C. 5∶1　　D. 1∶5

7. 下列物质中氧化能力最强的是________。

A. F_2　　B. Cl_2　　C. Br_2　　D. Cl^-

8. 下列不属于氧化还原电对的是________。

A. Cu^{2+}/Zn　　B. Cu^{2+}/Cu　　C. Zn^{2+}/Zn　　D. Cl_2/Cl^-

9. 其他条件不变，能使电对 MnO_4^-/Mn^{2+} 电极电势增大的方法是________。

A. 增大 pH　　B. 降低 pH　　C. 增大 Mn^{2+} 浓度　　D. 前三个都可以

10. 下列电对 Sn^{2+}/Sn、Cu^{2+}/Cu、Fe^{2+}/Fe、Ag^+/Ag 的 $\varphi^\ominus$ 值分别为 −0.1375V、+0.3419V、−0.447V、+0.7996V，其中最强的氧化剂和最强的还原剂分别是________。

A. Cu^{2+} 和 Fe　　B. Ag^+ 和 Fe　　C. Sn^{2+} 和 Fe　　D. Ag 和 Fe

11. 下列物质在碱性介质中，氧化性最强的是________。

A. NaClO　　B. $K_2Cr_2O_7$　　C. Co_2O_3　　D. $KMnO_4$

12. 在一个氧化还原反应中，如果两个电对的电极电势相差越大，则该反应________。

A. 反应速度越大　　B. 反应速度越小　　C. 反应能自发进行　　D. 反应不能自发进行

13. 关于盐桥在电池中的作用，下列说法正确的是________。

A. 起维持电荷平衡的作用　　B. 起导体的作用

C. 传递阴阳离子的作用　　D. 构通电路的作用

14. 在酸性溶液中 MnO_4^- 与 H_2O_2 反应，下列反应方程式正确的是________。

A. $2MnO_4^- + H_2O_2 + 6H^+ = 2Mn^{2+} + 3O_2 + 4H_2O$

B. $2MnO_4^- + 3H_2O_2 + 6H^+ = 2Mn^{2+} + 4O_2 + 6H_2O$

C. $2MnO_4^- + 5H_2O_2 + 6H^+ = 2Mn^{2+} + 5O_2 + H_2O$

D. $2MnO_4^- + 7H_2O_2 + 6H^+ = 2Mn^{2+} + 6O_2 + 10H_2O$

15. 在电极反应 $Ag^+ + e^- = Ag$；$E^\ominus(Ag^+/Ag) = 0.7996V$ 中，加入 NaCl 后，电极电势值________。

A. 大于 0.7996V　　B. 小于 0.7996V　　C. 等于 0.7996V　　D. 先变小后变大

（二）多项选择题

16. 只能作还原剂的是________。

A. Na　　B. S^{2-}　　C. H_2O_2

D. Fe^{2+}　　E. Cu^{2+}

17. 下列关于还原反应叙述正确的是________。

A. 加氢的反应　　B. 脱氢的反应　　C. 得到电子的反应

D. 失去电子的反应　　E. 化合价升高的反应

18. 下列叙述正确的是________。

A. 化合反应不一定是氧化还原反应　　B. 分解反应不一定是氧化还原反应

C. 置换反应一定是氧化还原反应　　D. 复分解反应一定是氧化还原反应

E. 有化合价升降的反应不一定是氧化还原反应

19. 已知 $\varphi(Cu^{2+}/Cu) = 0.3402V$，$\varphi(Zn^{2+}/Zn) = -0.7628V$，$\varphi(Fe^{2+}/Fe) = -0.44V$，在标准状态下，下列判断正确的是________。

A. 氧化能力 $Cu^{2+} > Fe^{2+} > Zn^{2+}$　　B. 还原能力 $Zn > Fe > Cu$

C. 氧化能力 $Cu^{2+} < Fe^{2+} < Zn^{2+}$　　D. 还原能力 $Zn < Fe$

E. 最强的氧化剂是 Cu^{2+}，最强的还原剂是 Zn

20. 根据标准电极电势，判断下列反应在标准状态下能够自发向有进行的有________。

A. $Cu^{2+} + Zn \rightleftharpoons Cu + Zn^{2+}$　　B. $I_2 + 2Fe^{2+} \rightleftharpoons 2I^- + 2Fe^{3+}$

C. $Cl_2 + Sn^{2+} \rightleftharpoons 2Cl^- + Sn^{4+}$　　D. $Br_2 + 2Cl^- \rightleftharpoons 2Br^- + Cl_2$

E. $Cu + 2H^+ \rightleftharpoons Cu^{2+} + H_2$

21. 已知 $\varphi(F_2/F^-) > \varphi(Cl_2/Cl^-) > \varphi(Br_2/Br^-) > \varphi(I_2/I^-)$ 列物质中能被 Cl_2 氧化的是________。

A. F^-　　B. Cl^-　　C. $2Br^-$

D. I^-　　E. F_2

22. 在电位法测定溶液 pH 时，玻璃电极________。

A. 作为原电池的负极　　B. 作为原电池的正极

C. 作为指示电极　　D. 作为参比电极

E. 电极电势随着待测溶液 pH 的变化而变化

23. 下列哪项是影响电极电势的因素________。

A. 电极的性质　　B. 温度　　C. 氧化型物质的浓度

D. 电极反应的速度　　E. 还原型物质的浓度

24. 原电池为：(－)Fe | Fe^{2+}(c_1) ‖ Cu^{2+}(c_2) | Cu(＋)，下列电池和电极反应正确的是________。

A. 电池反应为：$Cu^{2+} + Fe \rightleftharpoons Cu + Fe^{2+}$　　B. 正极反应为：$Cu^{2+} + 2e \rightleftharpoons Cu$

C. 正极反应为：$Fe^{2+} + 2e \rightleftharpoons Fe$　　D. 负极反应为：$Fe \rightleftharpoons Fe^{2+} + 2e$

E. 负极反应为：$Cu \rightleftharpoons Cu^{2+} + 2e$

25. 下列说法正确的是________。

A. 电极电势越大，说明该电对中的氧化型物质得电子能力越强

B. 电极电势越大，说明该电对中的氧化型物质的氧化性越弱

C. 电极电势越小，说明该电对中的还原型物质越难失去电子

D. 在组成原电池时，一般情况下电极电势大的电极作为正极，电极电势小的电极作为负极

E. 氧化还原电对中的氧化型物质的氧化能力越强，则对应还原型物质的还原性越强

（三）判断题

1. 在氧化还原反应中，原电池的电动势越大，相应电池反应速率越快。(　　)
2. 任何一个原电池都对应着一个氧化还原反应。(　　)
3. 将一个氧化还原反应设计成原电池，氧化剂所在的电对为正极，还原剂所在的电对为负极。(　　)
4. 标准氢电极的电极电势为零，是通过实验方法测得的。(　　)
5. pH 的改变对所有电对的电极电势均有影响。(　　)
6. 氢电极插入 1mol/L HAc 中，保持其分压为 100kPa，其电极电势为零。(　　)
7. 由能斯特方程可知，增大氧化型物质浓度，会使电极电势值增大。(　　)
8. 只要 $E_{(+)} > E_{(-)}$，氧化还原反应能够自发正向进行。(　　)
9. 当氧化还原反应达到平衡时，氧化剂电对的电极电势与还原剂电对的电极电势相等。(　　)
10. 标准电极电势（E）是参加电极反应的每种物质的浓度为 1mol/L（气体分压为 101.3kPa）的电极电势。(　　)

（四）填空题

1. 在 $Cl_2 + H_2O = HCl + HClO$ 的反应中，________是氧化剂，________是还原剂，________是氧化产物，________是还原产物。

2. （反应物）　（性质）　（特征）　（实质）　（变化）　（产物）

还原剂→具有________→化合价________→________电子→发生________反应→________产物

氧化剂→具有________→化合价________→________电子→发生________反应→________产物

3. 写出在 298.14K 时电极反应 $Cu^{2+} + 2e \rightleftharpoons Cu$ 的能斯特方程式________________。

4. 在电位法测定溶液 pH 时，常采用________测定法，所使用的仪器通常称为________计。

5. 电池反应 $Sn^{2+} + I_2 \rightleftharpoons Sn^{4+} + 2I^-$，负极电对是________，电极反应为________________；正极电对是________，电极反应为________________。

6. 将反应 $2KMnO_4 + 16HCl = 2MnCl_2 + 2KCl + + 5Cl_2\uparrow + 8H_2O$ 设计成原电池，电池符号为________________；正极反应为________________；负极反应为____________。

7. 应用电极电势可以__________；__________；__________；__________。

8. 标准条件下，氧化还原反应平衡常数计算公式为 $\lg K^\ominus$ = ____________；公式中的 n 表示____________。

（五）综合问答题

1. 指出 $2Na + 2H_2O = 2NaOH + H_2\uparrow$ 反应中的氧化剂、还原剂、氧化产物、还原产物、被氧化的物质、被还原的物质，并表示出反应中电子转移的方向和数目。

2. 简述指示电极和参比电极的概念。

3. 写出下列各分子或离子中，P 的氧化值。

H_3PO_4　P_4O_6　P_2H_4　H_3PO_3　HPO_4^{2-}　PH_4^+

4. 查出下列氧化还原电对的电极电势，回答以下问题。

Br_2/Br^-　$HBrO/Br_2$　NO_3^-/HNO_2　Co^{3+}/Co^{2+}　O_2/H_2O　As/AsH_3

（1）最强的还原剂和最强的氧化剂是什么？　（2）Br_2 能否发生歧化反应？说明原因。

（3）哪些电对的与 H^+ 离子浓度无关？

5. 完成下列方程式配平

（1）__ $KMnO_4$ + __ $H_2C_2O_4$ + __ H_2SO_4 $\longrightarrow$ __ $MnSO_4$ + __ K_2SO_4 + __ CO_2 + __ H_2O

（2）__ $K_2Cr_2O_7$ + __ KI + __ HCl $\longrightarrow$ __ $CrCl_3$ + __ KCl + __ I_2 + __ H_2O

（3）__ Cu + __ HNO_3 $\longrightarrow$ __ $Cu(NO_3)_2$ + __ NO + __ H_2O

6. 将下列反应设计成原电池，用标准电极电势判断，标准状况下电池的正极和负极，写出电极反应，写出电池符号。

（1）$Zn + 2Ag^+ \rightleftharpoons Zn^{2+} + 2Ag$

（2）$2Fe^{3+} + Fe \rightleftharpoons 3Fe^{2+}$

（3）$3I_2 + 6KOH \rightleftharpoons KIO_3 + 5KI + 3H_2O$

（六）计算题

1. 已知 $[Mn^{2+}] = 0.01mol/L$，$[MnO_4^-] = 0.01mol/L$，$[H^+] = 0.01mol/L$，试计算 298.15K 时，$MnO_4^- + 8H^+ + 5e \rightleftharpoons Mn^{2+} + 4H_2O$，在 pH = 2 溶液中的电极电势。

2. 当下述电池中的溶液是 pH = 4.00 的缓冲溶液时，在 25℃时用 pH 计测得下列电池的电动势为 0.21V。

$$玻璃电极 \| H^+(c = x\ mol/L) \| 饱和甘汞电极$$

当缓冲溶液由一种未知液代替时，毫伏计读数为 0.31V。试计算此未知液的 pH。

3. 写出下列原电池的电池反应式，并计算它们的电动势（298K）。

（1）$Pt, Cl_2(p^\ominus) \mid Cl^-(0.1mol/L) \| Mn^{2+}(c^\ominus), H^+(10mol/L) \mid MnO_2(s), Pt$

（2）$Sn(s) \mid Sn^{2+}(0.1mol/L) \| Pb^{2+}(0.01mol/L) \mid Pb(s)$

4. 已知 $E^\ominus(NO_3^-/NO) = 0.96V$，$E^\ominus(S/S^{2-}) = -0.476V$，$K_{SP}^\ominus(CuS) = 6.3\times10^{-36}$，计算标准状况下，下列反应能否自发向右发生？

$$NO_3^- + CuS + H^+ \rightleftharpoons S + Cu^{2+} + NO$$

5. 计算 298K 时，下列反应的标准平衡常数。

（1）$2Fe^{3+} + Cu \rightleftharpoons 2Fe^{2+} + Cu^{2+}$

（2）$3I_2 + 6OH^- \rightleftharpoons 5I^- + IO_3^- + 3H_2O$

6. 298K 时，测得如下原电池的 $E_{MF} = 0.5773V$。

$$(-)\ Ag, AgCl(s)\,|\,Cl^-(1.0mol/L)\,\|\,Ag^+(1.0mol/L)\,|\,Ag\ (+)$$

（1）若已知 $E^\ominus(Ag^+/Ag) = 0.7996V$，求 $E^\ominus(AgCl/Ag)$ 值。

（2）写出电池反应式，并计算其平衡常数 $K^\ominus$ 和 $K^\ominus_{SP}(AgCl)$

7. 已知：$Fe(OH)_3 + e^- \rightleftharpoons Fe(OH)_2 + OH^-$，$E^\ominus[Fe(OH)_3/Fe(OH)_2] = -0.546V$

$K^\ominus_{SP}[Fe(OH)_3] = 2.79\times10^{-39}$，$K^\ominus_{SP}[Fe(OH)_2] = 4.87\times10^{-17}$，求 $E^\ominus(Fe^{3+}/Fe^{2+})$ 的值。

8. 在酸性溶液中，Mn 的元素电势图为：

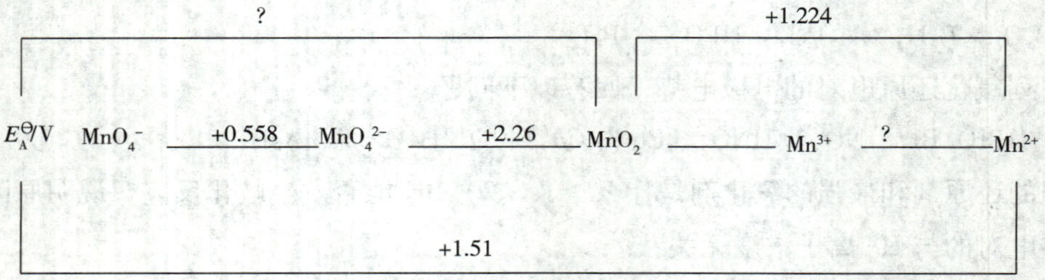

（1）计算 $E^\ominus(MnO_4^-/MnO_2)$ 和 $E^\ominus(Mn^{3+}/Mn^{2+})$。

（2）Mn 的哪几种氧化态在酸性条件下不稳定易歧化?

四、参考答案

（一）单项选择题

1－5. CDACD　6－10. CAABB　11－15. ACADB

（二）多项选择题

16. AB　17. AC　18. ABC　19. ABE　20. AC　21. CD　22. ACE　23. ABCE　24. ABD　25. ADE

（三）判断题

1－5. ×√√××　6－10. ×√√√×

（四）填空题

1. Cl_2；Cl_2；HClO；HCl

2. 还原性；升高；失去；氧化；氧化；氧化性；降低；得到；还原；还原

3. $\varphi(Cu^{2+}/Cu) = \varphi^\ominus(Cu^{2+}/Cu) + \dfrac{0.0592}{2}\lg[Cu^{2+}]$

4. 两次；酸度（或 pH）

5. Sn^{4+}/Sn^{2+}；$Sn^{2+} - 2e \rightleftharpoons Sn^{4+}$；$I_2/I^-$；$I_2 + 2e \rightleftharpoons 2I^-$

6. $(-)Pt\,|\,MnO_4^-(c_1), Mn^{2+}(c_2), H^+(c_3)\,\|\,Cl_2(p)\,|\,Cl^-(c_4)\,|\,Pt(+)$

$MnO_4^- + 8H^+ + 5e \rightleftharpoons Mn^{2+} + 4H_2O$；$2Cl^- - 2e \rightleftharpoons Cl_2$

7. 比较氧化剂和还原剂的相对强弱；计算原电池电动势；判断氧化还原反应进行方向；判断氧化还原反应进行限度

8. $\dfrac{n(E^\ominus_+ - E^\ominus_-)}{0.0592} = \dfrac{nE^\ominus_{MF}}{0.0592}$；配平的氧化还原反应式中电子转移的数目

（五）综合问答题

1\. 依次为 H_2O，Na，NaOH，H_2，Na，H_2O

$$2Na + 2H_2O = 2NaOH + H_2\uparrow$$

$1e^- \times 2$

$$\overset{0}{2Na} + 2\overset{+1}{H_2}O = 2NaO\overset{+1}{H} + \overset{0}{H_2}\uparrow$$

2\. 指示电极实质其电极电势随待测离子浓度的变化而变化，能指示待测离子活度的电极。参比电极是指其电极电势不随待测离子浓度的变化而变化，具有恒定电极电势的电极。

3\. 磷的氧化值分别为 +5；+3；-2；+3；+5；-3。

4\. （1）最强的还原剂 AsH_3，最强的氧化剂 Co^{3+}。

（2）Br_2 能发生歧化反应，$E^\ominus(HBrO/Br_2) > E^\ominus(Br_2/Br^-)$。

（3）Br_2/Br^-，Co^{3+}/Co^{2+} 的与 H 离子浓度无关。

5\. 完成下列方程式并配平

（1）$2KMnO_4 + 5H_2C_2O_4 + 3H_2SO_4 = 2MnSO_4 + K_2SO_4 + 10CO_2 + 8H_2O$

（2）$K_2Cr_2O_7 + 6KI + 14HCl = 2CrCl_3 + 8KCl + 3I_2 + 7H_2O$

（3）$3Cu + 8HNO_3 = 3Cu(NO_3)_2 + 2NO + 4H_2O$

6\. （1）正极反应：$Ag^+ + e^- \rightleftharpoons Ag$；负极反应：$Zn \rightleftharpoons Zn^{2+} + 2e^-$；

原电池符号：$(-)Zn(s)|Zn^{2+}(c_1) \parallel Ag^+(c_2)|Ag(s)(+)$

（2）正极反应：$Fe^{3+} + e^- \rightleftharpoons Fe^{2+}$ 负极反应：$Fe \rightleftharpoons Fe^{2+} + 2e^-$；

原电池符号：$(-)Fe(s)|Fe^{2+}(c_1) \parallel Fe^{3+}(c_2), Fe^{2+}(c_1)||Pt(s)(+)$

（3）正极反应：$I_2 + 2e^- \rightleftharpoons I^-$ 负极反应：$I_2 + 12OH^- - 10e^- \rightleftharpoons 2IO_3^- + 6H_2O$

原电池符号：$(-)Pt, I_2(s)|I^-(c_1) \parallel OH^-(c_2), IO_3^-(c_3)|I_2(s), Pt(+)$

（六）计算题

1\. $E(MnO_4^-/Mn^{2+}) = E^\ominus(MnO_4^-/Mn^{2+}) + \dfrac{0.0592}{5}\lg\dfrac{[MnO_4^-][H^+]}{Mn^{2+}}$

$= 1.51 + \dfrac{0.0592}{5}\lg 0.01 \times 0.1^8$

$= 1.42V$

2\. 由两次测定法的原理可知：

$pHx = pHs - \dfrac{E_{MFS} - E_{MFX}}{0.059} = 4.00 - \dfrac{0.21 - 0.31}{0.059} = 5.70$

3\. （1）电池反应式：$MnO_2 + 2Cl^- + 4H^+ = Mn^{2+} + Cl_2 + 2H_2O$

电池电动势：$E_{MF} = E(+) - E(-) = E(MnO_2/Mn^{2+}) - E(Cl_2/Cl^-)$

$E_{MF} = E^\ominus(MnO_2/Mn^{2+}) + \dfrac{0.0592}{2}\lg\dfrac{[H^+]^4 \times 1}{1} - E^\ominus(Cl_2/Cl^-) - \dfrac{0.0592}{2}\lg\dfrac{1}{[Cl^-]^2}$

$= 1.224 + \dfrac{0.0592}{2}\lg 10^4 - 1.3583 - \dfrac{0.0592}{2}\lg\dfrac{1}{0.1^2}$

$= -0.075V$

（2）电池反应式：$Pb^{2+} + Sn = Sn^{2+} + Pb$

电池电动势：$E_{MF} = E(+) - E(-) = E(Pb^{2+}/Pb) - E(Sn^{2+}/Sn)$

$$E_{MF} = E^{\ominus}(Pb^{2+}/Pb) + \frac{0.0592}{2}\lg[Pb^{2+}] - E^{\ominus}(Sn^{2+}/Sn) - \frac{0.0592}{2}\lg[Sn^{2+}]$$

$$= -0.1262 + \lg 0.01 + 0.1375 - \frac{0.0592}{2}\lg 0.1$$

$$= -0.0183V$$

4. 正极：$NO_3^- + 4H^+ + 3e^- \rightleftharpoons NO + 2H_2O$

负极：$CuS \rightleftharpoons S + Cu^{2+} + 2e^-$

$$E^{\ominus}(S+/CuS) = E^{\ominus}(S/S^{2-}) + \frac{0.0592}{2}\lg\frac{1}{K_{SP}^{\ominus}(CuS)}$$

$$= -0.476 + \frac{0.0592}{2}\lg\frac{1}{6.3\times10^{-36}}$$

$$= +0.5659V$$

标准状况下，$E_+^{\ominus} > E_-^{\ominus}$，所以反应能自发向右发生。反应式为：

$$2NO_3^- + 3CuS + 8H^+ \rightleftharpoons 3S + 3Cu^{2+} + 2NO + 4H_2O$$

5. 由平衡常数计算公式：$\lg K^{\ominus} = nE_{MF}^{\ominus}/0.0592$

(1) $\lg K^{\ominus} = \dfrac{n[E^{\ominus}(Fe^{3+}/Fe^{2+}) - E^{\ominus}(Cu^{2+}/Cu)]}{0.0592}$

$$= 2\times\frac{(0.77 - 0.3419)}{0.0592}$$

$= 14.497 \qquad K^{\ominus} = 3.14\times10^{33}$

（2）$\lg K^{\ominus} = \dfrac{n[E^{\ominus}(I_2/I^-) - E^{\ominus}(IO_3^-/I_2)]}{0.0592}$

$$= 6\times\frac{(0.5355 - 0.205)}{0.0592}$$

$= 33.497 \qquad K^{\ominus} = 3.14\times10^{33}$

6. (1) $E_{MF}^{\ominus} = E^{\ominus}(+) - E^{\ominus}(-) = E^{\ominus}(Ag^+/Ag) - E^{\ominus}(AgCl/Ag)$

$E^{\ominus}(AgCl/Ag) = 0.7996 - 0.5773 = 0.2223V$

(2) 电极反应式为：$Ag^+ + Cl^- \rightleftharpoons AgCl(s)$

$\lg K^{\ominus} = \dfrac{nE_{MF}^{\ominus}}{0.0592} = \dfrac{1\times0.5773}{0.0592} = 9.751 \qquad K^{\ominus} = 5.64\times10^9$

由于电池反应是AgCl沉淀溶解平衡的逆平衡，所以电池反应平衡常数的倒数就是AgCl溶度积常数。$K_{SP}^{\ominus}(AgCl) = 1/K^{\ominus} = 1.77\times10^{-10}$

7. $E^{\ominus}[Fe(OH)_3/Fe(OH)_2] = E^{\ominus}(Fe^{3+}/Fe^{2+}) + 0.0592\lg\dfrac{K_{SP}^{\ominus}[Fe(OH)_3]}{K_{SP}^{\ominus}[Fe(OH)_2]}$

$E^{\ominus}[Fe^{3+}/Fe^{2+}] = -0.546 - 0.05921\ \lg\dfrac{2.79\times10^{-39}}{4.87\times10^{-17}} = 0.771V$

8. （1）$E^{\ominus}(MnO_4^-/MnO_2) = \dfrac{1\times E^{\ominus}(MnO_4^-/MnO_4^{2-}) + 2\times E^{\ominus}(MnO_4^{2-}/MnO_2)}{3}$

$=\frac{1\times0.558+2\times2.26}{3}$

$=1.693V$

$E^{\ominus}(Mn^{3+}/Mn^{2+})=\frac{2\times E^{\ominus}(MnO_2/Mn^{2+})-1\times E^{\ominus}(MnO_2/Mn^{3+})}{1}$

$=2\times1.224-0.96$

$=1.488V$

(2)由于 $E^{\ominus}(MnO_4^-/MnO_2)>E^{\ominus}(MnO_4^-/MnO_4^{2-})$，即 $E^{\ominus}_{右}>E^{\ominus}_{左}$，所以 MnO_4^{2-} 可以歧化。

反应式：$3MnO_4^{2-}+4H^+ = 2MnO_4^-+MnO_2+2H_2O$

由于 $E^{\ominus}(Mn^{3+}/Mn^{2+})>E^{\ominus}(MnO_2/Mn^{3+})$，所以 Mn^{3+} 也可以歧化。

第七章　原子结构

学习目标

1. **掌握**　原子的组成；原子核外电子的运动状态描述的四个量子数；原子核外电子排布的原理和主族元素及第四周期过渡元素原子的核外电子排布；元素周期表的结构；元素周期律的定义；元素性质的周期性变化规律。

2. **熟悉**　电子云；原子轨道理论的概念；元素周期表的周期、族、区的知识。

3. **了解**　原子核外电子运动状态的基本特点。

考核知识点

1. 原子的组成及四个量子数的意义及取值。
2. 核外电子排布的规律。
3. 元素周期表及元素性质的周期性变化规律。

一、知识导航

- 原子结构
  - 原子的结构
    - 原子核
      - 质子
      - 中子
    - 核外电子
  - 核外电子的运动特征 —— 能量量子化、波粒二象性、遵循海森堡测不准原理
  - 核外电子运动状态的描述
    - 运动状态从四个量子数：n,l,m,m_s分别表示：电子层、电子亚层、电子云的伸展方向、电子的自旋
    - 电子云的概念、波函数和电子云的空间图像
    - 多电子原子轨道能级：屏蔽效应、钻穿效应、鲍林近似能级图
    - 核外电子的排布规律：能量最低原理、泡利不相容原理和洪特规则
  - 元素周期表的构成 —— 7个周期，周期数=电子层数；7个主族，主族数=最外层电子数；8个副族，1个零族，分为s区、p区、d区、f区
  - 元素性质的递变规律

	同一周期（从左到右）	同一主族（从上到下）
1.原子半径	逐渐减少	逐渐增大
2.金属性	逐渐减弱	逐渐增强
3.非金属性	逐渐增强	逐渐减弱
4.最高价氧化物的水化物的酸碱性	酸性逐渐增强 碱性逐渐减弱	酸性逐渐减弱 碱性逐渐增强

二、重难点解析

1. 原子的组成

- 原子^A_ZX
  - 原子核
    - 质子
      - 相对质量≈1
      - 带一个单位的正电荷
      - 质子数决定元素的种类
      - 质子数 = 核电荷数 = 核外电子数 = 原子序数
    - 中子
      - 相对质量≈1
      - 呈电中性
      - 决定同种元素的原子的种类（同位素的种类）
      - 中子数（N）= 质量数（A）－质子数（Z）
  - 核外电子
    - 质量约等于质子质量的1/1836，可忽略不计
    - 带一个单位的负电荷
    - 核外电子的排布决定元素的性质
    - 核外电子数 = 核内质子数 = 核电荷数

2. 同位素　原子核中具有一定数目质子和一定数目中子的一种原子称为核素。具有相同核电荷数（即质子数）的同一类原子称为元素。故两种不同元素之间的原子（如^1_1H和$^{12}_6C$）是两种核素；同种元素的两种原子（如^1_1H和^2_1H）也是两种核素。质子数（核电荷数）相同、中子数不同的同种元素的一组核素互称为同位素。若某种元素有几种核素，则这几种核素就互称为同位素；若某种元素只有一种核素，则该元素无同位素。

同一元素的各种同位素化学性质几乎完全相同，但物理性质不同。

3. 原子核外电子的运动状态

（1）电子云　电子云是一种形象化的描述。

①氢原子电子云图上的小黑点是表示一个电子在某一时间范围内曾经到过的“足迹”，不能把一个黑点误认为是一个电子。氢原子核外只有一个电子。

②电子云图上某一区域内黑点的疏密表示该电子在这一区域出现的概率大小，黑点最密集的区域就是电子出现概率最大的地方。

（2）原子核外电子的运动状态　原子核外电子的运动状态需要用四个量子数来描述。

①主量子数（n）——电子层　它决定核外电子运动区域离核的远近和电子能量的高低。$n=1$、2、3……，n越大，表示电子离核越远，能量越高。

②角量子数（l）——电子亚层　它决定原子轨道的形状和电子能量的高低，$l=0$、1、2、3……（$n-1$），相应的用s、p、d、f……符号表示，当n值相同时，值越大，电子的能量越高。

③磁量子数（m）——电子云的伸展方向　$m=0$、±1、±2……，每一个数值代表一个原子轨道，每一电子亚层所具有的原子轨道数为（$2l+1$）个，即s、p、d、f亚层的轨道数分别为1、3、5、7。m与电子的能量无关。

④自旋量子数（m_s）——电子的自旋　电子的自旋只有两种方向，通常用向上的箭头“↑”和向下的箭头“↓”表示。由此可得：每个电子层中可能有的最多轨道数为n^2，而每一个轨通中，最多可

以容纳自旋方向相反的两个电子。因此，各电子层最多可容纳的电子总数为 $2n^2$。

4. 原子核外电子的排布规律

核外电子的排布规律：
- 能量最低原理：电子尽可能排在能量最低的轨道。
- 泡利不相容原理：每个轨道最多只能容纳两个自旋方向相反的电子。
- 洪特规则：
  - 规则：在同一亚层上电子尽量分占不同的轨道且自旋方向相同
  - 特例：全充满　p^6、d^{10}、f^{14}
  - 半充满　p^3、d^5、f^7
  - 全空　p^0、d^0、f^0

  比较稳定

5. 请写出下列原子的核外电子排布式：Ca、Br、Co、Ag。

首先要熟知原子在周期表中的位置，判断原子序数是多少，初次做题时可查元素周期表确定原子序数，然后牢记鲍林近似能级图中的顺序，按顺序依次排列。

（1）Ca 属于第四周期ⅡA 族原子，序数为 20，基态核外电子排布式为：Ca，$1s^22s^22p^63s^23p^64s^2$，用原子实表示为［Ar］$4s^2$。

（2）Br 属于第四周期ⅦA 族原子，在 17 号 Cl 原子的下面，序数应该是 17 + 18 = 35，基态核外电子排布式为：Br，$1s^22s^22p^63s^23p^63d^{10}4s^24p^5$，用原子实表示为［Ar］$3d^{10}4s^24p^5$。

（3）Co 属于第四周期Ⅷ族原子，序数应该是 27；基态核外电子排布式为：Co，$1s^22s^22p^63s^23p^63d^4$ $4s^2$，用原子实表示为［Ar］$3d^74s^2$。

（4）Ag 属于第五周期ⅠB 族原子，在 29 号 Cu 下面，序数应该是 29 + 18 = 47，基态核外电子排布式：Ag，$1s^22s^22p^63s^23p^63d^{10}4s^24p^64d^{10}5s^1$，用原子实表示为：［Kr］$4d^{10}5s^1$。

6. 为什么第四周期副族元素排电子时，先排 4s 轨道上的电子，再排 3d 轨道上的电子，而失电子时，先失 4s 轨道上电子，后失去 3d 轨道上的电子？

在鲍林近似能级图中 4s 轨道能量低于 3d 轨道，所以填充电子时 4s 轨道优先，但一旦 3d 轨道填充电子，则对 4s 轨道的电子有屏蔽作用，使 4s 电子的能量高于 3d 轨道上的电子。而原子失去电子时是优先失去能量较高的电子，此时 4s 电子能量较高，优先失去。

7. 元素周期表的结构

元素周期表的结构：
- 周期：
  - 周期表中每一横行代表一个周期，共有 7 个横行即 7 个周期
  - 周期 1、2、3 为短周期，4、5、6、7 为长周期
  - 周期数 = 电子层数，即同周期元素具有相同的电子层数
- 族：
  - 周期表中共有 18 个纵行，除 8、9、10 三个纵行外，其余每一纵行表示一族
  - 共 16 个族，7 个主族、7 个副族、一个第Ⅷ族、一个 0 族
  - 主族的族序数 = 价电子总数 = 最高正化合价
  - 同主族元素的价电子层构型相同
- 分区：元素周期表分为 s 区、p 区、d 区、f 区

8. 元素周期表中元素性质的递变规律

表 7－1 主族元素性质的递变规律与原子结构的关系

位置 结构和关系	同一周期（从左到右）	同一主族（从上到下）
电子层结构	电子层数相同 最外层电子数递增	最外层电子数相同 电子层数递增
原子半径	逐渐减小	逐渐增大
元素的电负性	逐渐增大	逐渐减小
金属性	逐渐减弱	逐渐增强
非金属性	逐渐增强	逐渐减弱
主要化合价	最高正价 +1→+7 ⅣA→ⅦA，－4→－1	最高正价＝主族序数 氧无 +6 价，氟无正价
最高价氧化物的水化物酸碱性	酸性逐渐增强 碱性逐渐减弱	酸性逐渐减弱 碱性逐渐增强
非金属元素气态氢化物形成与稳定性	形成渐易并趋向稳定	形成渐难并趋向不稳定

9. 元素周期表的应用 根据元素在周期表中的位置推测元素的原子序数、元素的金属性或非金属性的强弱、最高价氧化物的水化物的酸碱性等。

三、补充习题

（一）单项选择题

1. 某微粒用${}^{A}_{Z}X$表示，关于该微粒叙述，错误的是________。

A. 所含的质子数为 Z　　B. 所含的中子数为 A－Z

C. 质量数为 A　　D. 所含的电子数为 A

2. 对铝离子${}^{27}_{13}Al^{3+}$叙述错误的是________。

A. 原子序数为 13　　B. 核外电子数为 13　　C. 质量数为 27　　D. 中子数为 14

3. 据报道，放射性同位素钬${}^{166}_{67}Ho$可有效地治疗肝癌，该同位素原子核内中子数与核外电子数之差为________。

A. 32　　B. 67　　C. 99　　D. 166

4. 下列互为同位素的一组是________。

A. ${}^{23}_{11}Na$和${}^{23}_{11}Na^{+}$　　B. ${}^{40}_{19}K$和${}^{40}_{20}Ca$　　C. ${}^{16}_{8}O$和${}^{18}_{8}O$　　D. ${}^{56}_{26}Fe$和${}^{56}_{26}Fe^{2+}$

5. 氯元素有两种同位素${}^{35}_{17}Cl$和${}^{37}_{17}Cl$，下列说法不正确的是________。

A. ${}^{35}_{17}Cl$和${}^{37}_{17}Cl$的质量数相同

B. 天然含氯元素的物质中${}^{35}_{17}Cl$和${}^{37}_{17}Cl$的百分比是定值

C. ${}^{35}_{17}Cl$和${}^{37}_{17}Cl$的化学性质相同

D. ${}^{35}_{17}Cl$和${}^{37}_{17}Cl$是两种不同的原子

6. 关于氢原子的电子云图的描述中正确的是________。

A. 电子云是一团带负电的云雾

B. 每一个小黑点代表一个核外电子

C. 小黑点多的区域电子多

D. 小黑点密的区域表示电子在该区域运动的速率快

E. 小黑点的疏密表示电子在核外单位体积内出现概率的大小

7. 根据波尔理论下列说法错误的是________。

A. 因为轨道能量量子化，所以电子在轨道间跃迁时，发射光频率是不连续的

B. 当原子受到激发时，核外电子获得能量，从基态跃迁到激发态而发光

C. 电子绕核在固定轨道上运动，既不放出能量也不吸收能量

D. 氢原子在通常情况下，也不会发生原子自发毁灭的现象

8. 原子的价层电子构型违反泡利不相容原理的是________。

A. $2s^12p^3$　　B. $3s^23p^2$　　C. $2s^32p^2$　　D. $2s^2p^3$

9. 决定元素种类的是________。

A. 质子数　　B. 中子数　　C. 核外电子层数　　D. 最外层电子数

10. 下列说法中能正确描述核外电子运动状态的是________。

A. 电子在离核一定距离的球面上运动　　B. 电子在核外的一个球形空间运动

C. 电子在核外的一定的空间范围内运动　　D. 电子绕原子核做圆周运动

11. 元素化学性质发生周期性变化的根本原因是________。

A. 元素的核电荷数逐渐增多　　B. 元素的原子半径呈现周期性变化

C. 元素的化合价呈现周期性变化　　D. 元素原子核外电子排布呈现周期性变化

12. 下列四个量子数的取值可以用来描述基态^{19}K原子最外层电子运动状态的是________。

A. 4，1，0，1/2　　B. 4，1，1，1/2　　C. 4，0，0，1/2　　D. 3，0，0，1/2

13. 基态^{29}Cu核外电子的原子实表示式是________。

A. [Ar] $3d^{10}4s^1$　　B. [Ne] $3d^{10}4s^1$　　C. [Ar] $3d^94s^2$　　D. [Xe] $3d^{10}4s^1$

14. 某元素原子核外电子排布式为 $1s^2 2s^2 2p^6 3s^2 3p^6 3d^{10} 4s^2 4p^4$，该元素在周期表中的位置是________。

A. 第四周期，第ⅥA族，s区　　B. 第四周期，第ⅣA族，s区

C. 第四周期，第ⅣA族，p区　　D. 第四周期，第ⅥA族，p区

15. 元素周期表中价电子层构型为 $ns^2np^{1\sim6}$ 的区是________。

A. s区　　B. p区　　C. d区　　D. f区

16. 在多电子原子中，决定电子能量的量子数是________。

A. n　　B. n，l，m和m_s　　C. n，l和m　　D. n和l

17. 元素按原子序数递增顺序排列，不会发生周期性变化的是________。

A. 原子最外层电子数　　B. 原子半径

C. 元素的化合价　　D. 核电荷数

18. 对同周期的主族元素从左到右性质递变叙述错误的是________。

A. 元素的金属性逐渐减弱

B. 元素的非金属性逐渐增强

C. 原子半径逐渐增大

D. 最高价氧化物的水化物碱性逐渐减弱，酸性逐渐增强

19. 元素周期表中电负性最大的元素是________。

A. F　B. Cs　C. He　D. Fr

20. 按非金属性由强到弱顺序排列的是________。

A. I、Br、Cl　B. O、N、P　C. C、N、O　D. S、P、Cl

21. 下列元素金属性由强到弱顺序排列错误的是________。

A. K、Ca、Mg　B. K、Na、Al　C. Na、Mg、Al　D. K、Mg、Na

22. 下列关于元素性质递变规律的叙述错误的是________。

A. N、O、F 原子半径依次增大

B. P、S、Cl 最高正化合价依次增大

C. Na、Mg 、Al 原子最外层电子数依次增多

D. L、Na、K 金属性依次增强

23. 某元素的最低负化合价和最高正化合价代数和为 4，则该元素可能是________。

A. C　B. Si　C. S　D. Be

24. 已知 A^{2+}、B^{-}、C^{+}、D^{2+}、E^{3+} 五种简单离子的核外电子数相等，则它们对应的原子序数由大到小顺序是________。

A. E > D > C > B > A　B. A > B > C > D > E

C. E > D > C > A > B　D. B > A > C > D > E

25. 元素周期表对工农业生产具有一定的指导作用，下列说法不正确的是________。

A. 通常农药中常含的元素一般位于周期表右上角

B. 半导体材料在金属与非金属的分界线附近

C. 在过渡元素中可以找到新型催化剂材料

D. 在ⅡA 族元素中寻找新型耐高温、耐腐蚀材料

（二）多项选择题

26. 含有 1 个原子核的下列微粒，属于中性原子的是________。

A. 17 个质子、18 个中子、17 个电子　B. 12 个质子、12 个中子、10 个电子

C. 16 个质子、16 个中子、16 个电子　D. 19 个质子、21 个中子、18 个电子

E. 17 个质子、18 个中子、16 个电子

27. 下列叙述正确的是________。

A. 质子数相同、中子数不同的微粒间互称为同位素

B. 同位素原子间质量数一定不等

C. 在同一原子中，主量子数越大，电子的能量越高

D. 原子核内的中子数决定原子的种类

E. 人们已经发现了 118 种元素，就是说人们已经发现了 118 种原子

28. 电子云图可以描述________。

A. 电子的能量　B. 电子在某空间出现的概率大小

C. 电子运动的轨道　D. 电子在空间某处出现的概率大小

E. 电子波函数 ψ 的强弱

29. 量子数 n，l 和 m 不能决定________。

A. 原子轨道的能量　　B. 原子轨道的形状

C. 原子轨道在空间的伸展方向　　D. 电子的数目

E. 电子的运动状态

30. 下列对多电子原子轨道能量的描述中，正确的是________。

A. $E_{3s}=E_{3p}=E_{3d}$　　B. $E_{3s}<E_{3p}<E_{3d}$

C. $E_{3s}>E_{3p}>E_{3d}$　　D. K 原子的 $E_{3d}>E_{4s}$

E. Ba 原子的 $E_{6s}<E_{4f}<E_{5d}$

31. 某元素的最外电子层上只有 2 个电子，下列说法中正确的是________。

A. 该元素一定是金属元素　　B. 该元素一定是非金属元素

C. 该元素可能是第ⅠA 族元素　　D. 该元素可能是稀有气体元素

E. 该元素－定是第ⅡA 族元素

32. 核外电子排布需遵守的原则是________。

A. 能量最低原理　　B. 原子轨道最大重叠原理

C. 泡利不相容原理　　D. 洪特规则

E. 对称性相同原理

（三）判断题

1. 所有元素的原子都由质子、中子和电子三种微粒构成。（　　）

2. 在同一亚层中，各轨道上电子的能量都相同。（　　）

3. 价电子层构型为 ns^2np^6 的微粒一定是稀有气体。（　　）

4. 有短周期元素和长周期元素组成的组一定是主族。（　　）

5. 原子的核外电子的波函数，代表了该电子可能存在的运动状态，该运动状态具有确定的能量与之对应。（　　）

6. 每一个原子轨道需要有 3 个量子数才能确定，而每一个电子则需要 4 个量子数才能具体确定。（　　）

7. 电子云的黑点表示电子可能出现的位置，疏密程度表示电子出现在该范围的机会大小。（　　）

8. 元素原子的核外电子层数与元素在周期表中所处的周期数相等。（　　）

9. 原子最外层电子数与该元素在周期表中所处的族数相等。（　　）

10. 电负性反映了化合态原子吸引电子能力的大小。（　　）

（四）填空题

1. 某元素原子的电子排布式为 $1s^22s^22p^63s^23p^63d^54s^1$，则该元素处于________周期________族，________区，有________个未成对电子，最高氧化数是________，该元素的符号是________。

2. 元素周期表中有________个周期，其中有________个短周期，________个长周期，________个不完全周期；周期表中共有________个族，其中________个主族，________个副族，________个第Ⅷ族，________个 0 族。

3. 同主族元素的原子，在原子结构上具有相同的________，它们的性质从上到下，金属性逐渐________，最高正化合价________。

4. 当 $n=4$，$l=2$，其原子轨道符号为________，电子云形状是________，该种原子轨道数目为________个，最多容纳________个电子。

5. 电子衍射实验表明电子具有________。

（五）综合问答题

1. 氧的原子序数为 8，钠的原子序数为 11。

（1）分别用原子结构示意图轨道表示式、电子排布式、价层电子构型和电子式表示它们原子核外电子的排布。

（2）它们在元素周期表中属于哪一周期、哪一主族？

2. A 元素位于元素周期表的第 4 周期ⅠA 族，B 元素原子有 3 个电子层，且最外层电子数是最内层电子数的 3 倍，C 元素原子核内只有 1 个质子。

（1）写出 A、B、C 三种元素的名称与符号。

（2）用电子式表示 A 和 B、B 和 C 形成化合物的过程，并指出分子中化学键的类型。

（3）用电子式表示单质 C，指出分子中化学键的类型，并指出它是极性分子还是非极性分子。

3. 比较下列各组物质的性质（按由强到弱的顺序排列），并简要说明理由。

（1）钙、钾、镁（金属性）

（2）氯、硫、氟（非金属性）

4. 简述原子核外电子排布的原则？

5. 28 号元素的基态原子核外电子层排布式为［Ar］$3d^8 4s^2$，其中有多少个单电子？写出最外层电子的量子数、次外层电子的角量子数、磁量子数。

四、参考答案

（一）单项选择题

1－5. DBACA　6－10. EBCAC　11－15. DCADB　16－20. DDCAB　21－25. DACAD

（二）多项选择题

26. AC　27. BCD　28. DE　29. DE　30. BDE　31. CD　32. ACD

（三）判断题

1－5. ×√××√　6－10. √√√×√

（四）填空题

1. 第四；ⅥB；d；6；＋6；Cr
2. 7；3；4；16；7；7；1；1
3. 价电子数；增强；相同
4. 4d；梅花瓣形；5；10
5. 波动性

（五）综合问答题

1. （1）原子结构示意图：氧 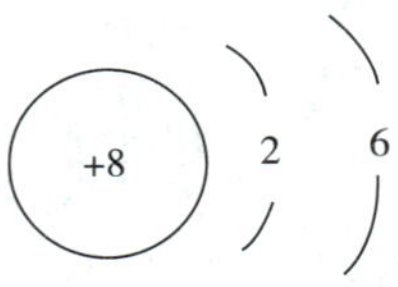

钠 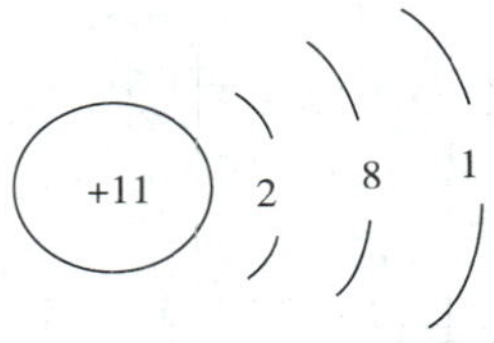

轨道表示式：

氧：

$1s^2$	$2s^2$	$2p^4$		
↑↓	↑↓	↑↓	↑	↑

钠：

$1s^2$	$2s^2$	$2p^6$			3s
↑↓	↑↓	↑↓	↑↓	↑	↑↓

电子排布式：氧 $1s^22s^22p^4$，钠 $1s^22s^22p^63s^1$，

价层电子构型：氧 $2s^22p^4$，钠 $3s^1$；

电子式：氧 ·Ö· (O 周围六个电子点)　钠：Na ·

（2）在元素周期表中，氧位于第二周期ⅥA 族，钠位于第三周期ⅠA 族；

2.（1）A：钾，K；　B：硫，S；　C：氢，H。

（2）A 和 B 形成 K_2S，B 和 C 形成 H_2S，

K_2S 电子式形成过程：K× + ·S· + ×K→K^+ + [×S×]$^{2-}$ K^+，属于离子键

H_2S 电子式形成过程：H× + ·S· + ×H→H ×S× H，属于共价键。

（3）单质 C 为 H_2，电子式为 H∶H，分子中化学键为非极性共价键，H_2 为非极性分子。

3.（1）金属性：钾 > 钙 > 镁　（2）非金属性：氟 > 氯 > 硫

4.（1）泡利不相容原理：在同一原子中，不能存在四个量子数完全相同的电子。

（2）能力最低原理：在不违反泡利不相容原理的前提下，电子总是优先占据能量最低的原子轨道，然后依次分布到能量较高的轨道。

（3）洪特规则：在同一亚层的等价轨道上，电子总是尽可能以自旋相同的方式占据不同的轨道。

5. 未成对电子数为2；最外层电子的量子数为4，0，0，$+\frac{1}{2}$ 和4，0，0，$-\frac{1}{2}$；次外层电子的角量子数 $l=2$，磁量子数分别为0，±1，±2。

第八章 分子结构

学习目标

1. **掌握** 化学键的概念；共价键的特征；常见分子的极性；范德华力和氢键的概念，并说明其对物质某些性质的影响。

2. **熟悉** 杂化轨道理论的要点，掌握以 sp、sp^2和 sp^3杂化轨道成键分子的空间构型。

3. **了解** 离子键、共价键的形成条件、特征和共价键的类型。

考核知识点

1. 离子键的形成、本质和特征。

2. 共价键的形成、本质和特征；σ 键、π 键、配位键；共价键的极性和分子的极性；键参数（键能、键长、键角）。

3. 杂化轨道理论；杂化轨道的类型（sp、sp^2、sp^3）；等性杂化和不等性杂化；各种杂化轨道的空间构型和分子的空间构型。

4. 应用分子间力和氢键知识解释物质的某些性质，如熔点、沸点、溶解度等。

5. 四种基本类型晶体（原子晶体、离子晶体、分子晶体、金属晶体）的结构特点.

一、知识导航

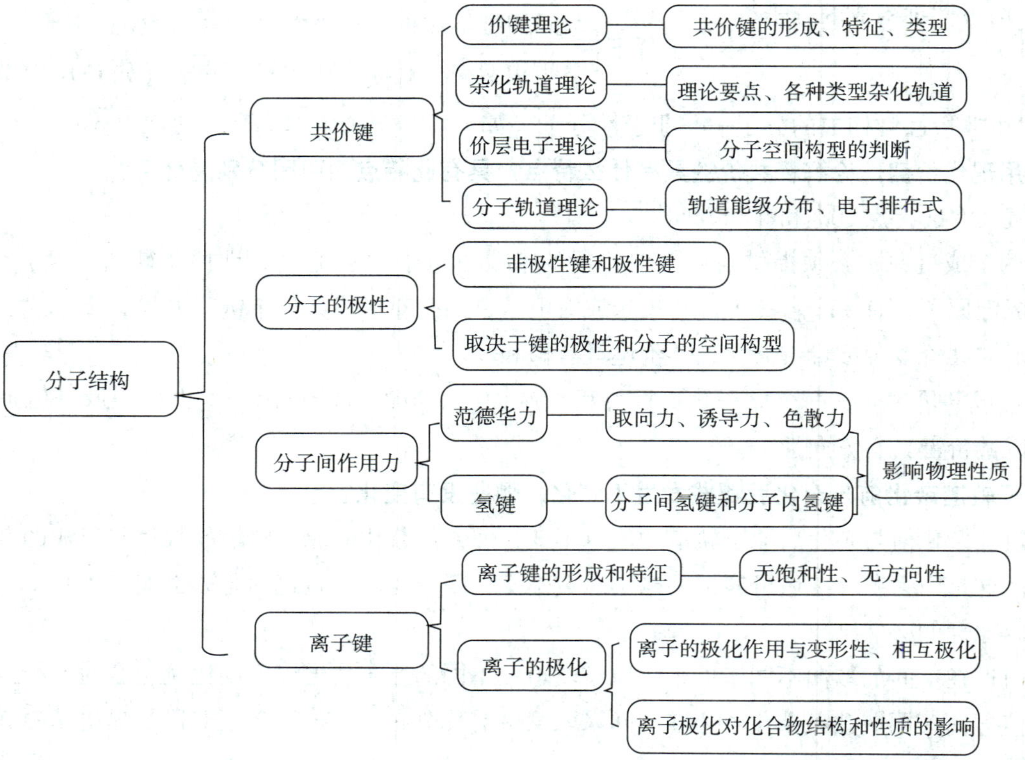

二、重难点解析

1. 什么是化学键？离子键、共价键的概念、特点、本质、形成条件、特性和键参数是什么？

（1）化学键的概念　化学键是指分子中相邻原子（或离子）间的强烈相互作用。

（2）离子键

①定义　阴、阳离子间通过静电作用所形成的化学键称为离子键。

②特点　成键原子间有电子得失。

③本质　是静电作用。

④形成条件　成键原子间的电负性差值要大。

⑤特性　无方向性，无饱和性。

（3）共价键

①定义　分子中原子间通过共用电子对（电子云的重叠）所形成的化学键称为共价键。

②特点　共用电子对由成键原子共同提供，不发生电子得失。

③本质　电子云的重叠。

④形成条件　成键原子的电负性相同或相差不大；成键的两原子要有未成对电子，而且成键两原子的未成对电子的自旋方向相反。

⑤键型　σ 键和 π 键。

⑥特性　有方向性、饱和性。

⑦键参数　键能、键长、键角和键的极性。

2. 什么是分子的极性？

分子
- 由极性键构成的分子
  - 双原子分子：极性分子如 HCl、CO 等
  - 多原子分子
    - 空间构型不对称——极性分子（如 H_2O、NH_3）
    - 空间构型完全对称——非极性分子（如 CO_2、CH_4 等）
- 由非极性键构成的分子——非极性分子（如 H_2、O_2、Cl_2、P_4 等，但 O_3 例外）

3. 请用现代价键理论解释共价键具有什么特点？具有此特点的原因分别是什么？

共价键具有的特点是饱和性和方向性。

（1）两个成键原子必须提供自旋方向相反的未成对电子相互配对（即原子轨道重叠），形成共价键。如果成键原子各有一个自旋方向相反未成对电子，则配对形成共价单键，如果有 2 个或 3 个未成对电子，则形成共价双键或叁键。所以共价键具有饱和性。

（2）形成共价键时，两个原子轨道重叠程度越大，形成的键越牢固。这也称为原子轨道最大重叠原理。所以共价键具有方向性。

4. 原子轨道杂化前与杂化后哪些发生了变化，哪些没有变化？

原子轨道杂化前与杂化后原子轨道的数目不变，即参加杂化的原子轨道的数目与形成的杂化轨道的数目相等。这是因为杂化前后可容纳的电子总数不变，因杂化前后轨道的总数也应当不变，这也是满足泡利不相容原理的必然结果。

杂化轨道在空间的取向不同于原来的原子轨道。不同的原子轨道以不同比例组合时，得到的杂化轨道的最大值方向不同。几条杂化轨道在空间采取某些对称分布，使成键电子对以及孤电子对在空间分布

均匀，距离较远，以保持体系能量较低。杂化轨道的空间取向可以较好地说明成键方向和分子的几何型；另外，杂化前后轨道的形状不一样，杂化后轨道的形状变得一端更肥大更突出，更有利于成键。

5. 分子的极性与分子的空间构型有何关系？

对于双原子分子来说，分子的极性与分子的空间构型无关，共价键的极性就是分子的极性。如 O_2、F_2、H_2、Cl_2 等都是非极性分子；HCl、HBr、CO、NO 等都是极性分子。

对于多原子分子来说，分子的极性不仅与化学键的极性有关，还与分子的空间构型有关。所以多原子分子的极性与键的极性不一定相同。如果分子中化学键是极性键，但分子的空间构型是完全对称的，则正、负电荷重心重合，为非极性分子。例如 BF_3 分子中的 B－F 键是极性共价键，但由于分子呈平面三角形，整个分子的正、负电荷重心重合在一起，键的极性相互抵消，故 BF_3 分子为非极性分子。如果分子中的化学键为极性键，且分子的空间构型不对称，则正、负电荷重心不重合，为极性分子。例如 NH_3 分子中的 N－H 键为极性键，但在呈三角锥形的 NH_3 分子中，正、负电荷重心不重合，键的极性不能抵消，因此，NH_3 分子是极性分子。

如果分子中的化学键都是非极性键，不管分子在空间的几何构型是否对称，均为非极性分子。

6. 分子间作用力包括哪些力？它们如何影响物质的性质？

分子间作用力包括取向力、诱导力、色散力。分子间作用力越大，熔沸点越高。对于结构相似的分子，分子间作用力主要由色散力决定，分子质量越大，色散力越大，熔沸点越高。对于分子质量相同的分子，由于极性分子还存在诱导力和取向力，所以极性分子的熔沸点往往高于非极性分子。另外分子间作用力还影响到溶解性，可以解释相似相溶规则，即极性分子易溶于极性溶剂中，非极性分子易溶于非极性剂中。

7. 分子间氢键和分子内氢键对分子的熔点、沸点影响相同吗？举例说明，并解释原因。

分子间氢键的形成使化合物的熔沸点升高，因为使晶体熔化或液休气化，需要破坏分子间氢键，需要较多的能量。如 H_2O 的熔沸点比 H_2S、H_2Se 的熔沸点都高。分子内氢键的形成，加强了分子的稳定性，使分子间的结合力减弱，所以熔沸点有所降低。如邻硝基苯酚的分子中具有分子内氢键，所以其熔沸点比间硝基苯酚和对硝基苯酚的熔沸点都低。

8. 请结合 NaCl 和 H_2 的形成，说明离子键和共价键的形成条件分别是什么？

Na 电负性小，具有很强的金属性，容易失去一个电子形成带正电的离子，Cl 电负性比较大，容易得到一个电子形成带负电的离子，正负离子靠静电引力吸引相互靠近，紧密堆积，过程中放出能量，所以形成离子键的条件是元素的电负性差比较大，能形成稳定的离子且形成过程中放出能量。

两个 H 原子之所以能够形成稳定的 H_2 分子，是由于自旋方向相反的未成对电子轨道互相重叠，使两核间电子云密度增大，电子云密集区同时将两个带正电的原子核牢固地吸引在一起，所以共价键的形成条件是成键原子双方各提供一个自旋反向的未成对电子，互相配对形成稳定的化学键。

三、补充习题

（一）单项选择题

1. 下列叙述正确的是________。

   A. 由极性键形成的双原子分子一定是极性分子

   B. 含极性键的分子一定是极性分子

C. 非极性分子一定存在非极性键

D. CO_2、CH_4、Cl_2、H_2 都是非极性键形成的非极性分子

2. 下列元素间所形成的共价键，极性最强的是________。

A. H－F　B. F－F　C. H－Cl　D. H－O

3. 下列各组物质中，均含有共价键却不属于共价化合物的一组是________。

A. CO_2 和 H_2O　B. NH_4Cl 和 NaOH

C. Cl_2 和 HCl　D. NaCl 和 MgO

4. 下列叙述正确的是________。

A. 氢键是一种化学键

B. 所有含氢元素的化合物中都存在氢键

C. 具有分子间氢键的物质，熔点和沸点比没有氢键的同类物质高

D. 氢原子和非金属性很强的元素（F、O、N）形成的共价键就是氢键

5. 下列各组物质中，均由极性键形成的非极性分子的一组是________。

A. H_2O 和 NH_3　B. CO_2 和 HCl　C. CO_2 和 CH_4　D. H_2 和 Cl_2

6. 非极性分子与非极性分子之间存在________。

A. 取向力　B. 诱导力　C. 色散力　D. 氢键

7. NH_3 中氮原子采取的杂化方式是________。

A. sp^2 杂化　B. sp^3 等性杂化

C. sp^3 不等性杂化　D. sp^3d 杂化

8. HF 的沸点比 HCl 高，主要是由于前者________。

A. 共价键牢固　B. 分子量小　C. 有色散力　D. 分子间有氢键

9. 下列分子中偶极矩等于零的是________。

A. $CHCl_3$　B. H_2S　C. NH_3　D. CCl_4

10. 下列化合物中，存在分子间氢键的是________。

A. HF　B. HCl　C. HBr　D. HI

11. 下列分子中，具有直线形结构的是________。

A. H_2O　B. NH_3　C. $BeCl_2$　D. C_2H_4

12. BF_3 分子的空间构型是________。

A. 四面体形　B. 三角锥形　C. 三角双锥形　D. 平面三角形

13. 液态水中，水分子之间存在________。

A. 取向力和诱导力　B. 诱导力和色散力

C. 取向力和氢键　D. 四种力都存在

14. 下列分子的中心原子采用 sp^3 等性杂化的是________。

A. CH_4　B. H_2O　C. H_2S　D. NH_3

15. 下列分子中，偶极矩最大的是________。

A. HCl　B. HBr　C. HF　D. HI

16. 水的反常熔、沸点归因于________。

A. 范德华力　B. 配位键　C. 离子键　D. 氢键

（二）多项选择题

17. 下列叙述正确的是________。

A. 两个非金属原子间不可能形成离子键

B. 在 $Cu(OH)_2$ 沉淀中加入氨水能使沉淀溶解，是因为生成了 $[Cu(NH_3)_4]^{2+}$

C. 离子化合物中可能有共价键

D. 共价化合物中可能有离子键

E. 在 NH_4Cl 分子中只有共价键和配位键

18. 下列物质分子间易形成氢键的是________。

A. H_2O　　B. HCl　　C. NH_3

D. H_2S　　E. CH_4

19. 某元素 R 的 -1 价阴离子的电子层结构与氩原子相同，则 R 元素的最高正价化合物的分子式可能是________。

A. HR　　B. HRO_4　　C. H_2RO_4

D. R_2O_7　　E. H_3RO_4

（三）判断题

1. NaOH 是离子化合物，所以它不含共价键。（　　）
2. 共价键的键能越大，表明该共价键越稳定。（　　）
3. H_2O 沸点比 H_2S 高得多，原因是水分子间形成氢键。（　　）
4. 凡是中心原子采用 sp^3 杂化轨道成键的分子，其空间构型必定是四面体。（　　）
5. 原子轨道之所以要杂化，是因为可以增加成键能力。（　　）
6. CH_4 中，C - H 键为极性键，故 CH_4 分子为极性分子。（　　）
7. 一般来说，σ 键比 π 键的键能大。（　　）
8. 非极性分子中一定不含极性键。（　　）
9. 根据价键理论，原子中有几个未成对电子，就只能形成几个共价键。（　　）
10. 分子型物质的分子量越大，范德华力也越大，则沸点越高。（　　）

（四）填空题

1. 当钾和氯发生化学反应时，钾原子________电子，氯原子________电子，他们以________键形成氯化钾。

2. 共价键的特征是________和________。

3. σ 键形成时，原子轨道________重叠，重叠部分对键轴具有________对称。

4. π 键形成时，原子轨道是________重叠，重叠部分对键轴所在的一个平面具有________对称。

5. 两原子之间形成配位共价键的条件是：一个原子________，另一个原子________。

6. 极性分子的偶极矩________零，非极性分子的偶极矩________零。

7. 杂化轨道比未杂化前轨道的成键能力________。

8. $HC \equiv CH$ 分子中存在________个 σ 键，________个 π 键。

9. NH_3 的中心原子是________，其价层电子对数是________对，孤对电子为________对，电子对在空间的构型为________形，由此可判断出中心原子采用________杂化。

（五）综合问答题

1. 由杂化轨道理论可知，CH_4、PCl_3、H_2O 分子中，C、P、O 均采用 sp^3 杂化，为什么实验测得 PCl_3 的键角为 101°，H_2O 的键角为 104°45′，均小于 CH_4 的键角 109°28′？

2. 请指出下列分子中哪些是极性分子，哪些是非极性分子。

NO_2；$CHCl_3$；NCl_3；SO_3；SCl_2；$CoCl_2$

3. 试判断下列各对物质中哪个熔点较高，并说明原因。

Na_2SO_4 和 K_2SO_4；NaCl 和 MgO；MgO 和 BaO；CaF_2 和 $CaCl_2$

4. 下列说法是否正确？举例说明。

（1）非极性分子中只有非极性共价键。

（2）共价分子中的化学键都有极性。

（3）相对分子质量越大，分子间力越大。

（4）色散力只存在于非极性分子之间。

（5）σ 键一定比 π 键的键能大。

5. 请指出下列物质中是否存在氢键？如果存在氢键，请指出氢键的类型。

（1）HF；(2) CH_3COOH；(3) HNO_3；(4) 邻硝基苯酚；(5) CH_3Cl；(6) N_2H_4

6. 对于大多数分子晶体来说，同类型分子的熔点、沸点随相对分子质量的变化关系如何，为什么？

四、参考答案

（一）单项选择题

1－5. AABCC　6－10. CCDDA　11－15. CDDAC　16. D

（二）多项选择题

17. ABC　18. AC　19. BD

（三）判断题

1－5. ×√√×√　6－10. ×√×√×

（四）填空题

1. 失去；得到；离子
2. 有方向性；有饱和性
3. 头碰头；圆柱形对称
4. 肩并肩；反
5. 有未共用的电子对（孤电子对）；价层有空轨道
6. 大于；等于
7. 强
8. 3；2
9. N；4；1；三角锥形；sp^3 不等性杂化

（五）综合问答题

1. CH_4 采用 sp^3 等性杂化，PCl_3、H_2O 采用 sp^3 不等性杂化，杂化轨道上存在孤对电子，孤对电子对成键电子对的斥力大于成键电子对间的斥力，使键角被压缩，故而键角小于109°28′。

2. 判断分子的极性，不仅要判断键的极性，还要分析整个分子的结构（对称性）以及成键原子周围的环境。即使同种元素的原子成键，周围环境不同，也可能形成极性键。

	NO_2	$CHCl_3$	NCl_3	SO_3	SCl_2	$COCl_2$
分子结构	V形	四面体	三角锥形	三角形	V形	三角形
分子极性	有	有	有	无	有	有

3. Na_2SO_4 的熔点比 K_2SO_4 的高，因为两种物质都是离子键结合，电荷相等，Na^+离子的半径比 K^+ 半径小，与 SO_4^{2-}结合的静电引力较大，因此熔点也就较高。

MgO 的熔点比 NaCl 的熔点高。因为两种物质都是离子键结合，而 Mg^{2+} 比 Na^+ 电荷多，O^{2-} 比 Cl^- 的电荷多。电荷越多，离子结合越牢固，熔点也越高。

MgO 的熔点比 BaO 的熔点高。电荷相等，但 Ba^{2+} 的半径比 Mg^{2+} 的半径大，Ba^{2+} 的电场力比 Mg^{2+}弱。

CaF_2 的熔点比 $CaCl_2$ 高。阳离子相同，阴离子所带电荷虽相同，但 F^- 离子的半径比 Cl^- 半径小，与 Ca^{2+}的静电引力较大，因此熔点也就较高。

4. （1）不正确，如 CH_4。

（2）不正确，如 H_2。

（3）不正确，如分子间力（范德华力和氢键）HF > HI > HCl。

（4）不正确，色散力存在于一切分子之间。

（5）不正确，如苯环中的芳香大 π 键比 σ 键的键能大。

5. （1）存在氢键，分子间氢键。（2）存在氢键，分子间氢键。（3）存在氢键，分子内氢键。（4）存在氢键，分子内氢键。（5）不存在氢键。（6）存在氢键，分子间氢键。

6. 对大多数分子晶体来说，它们的熔点和沸点都随着相对分子质量的增大而升高。分子间作用力大小由色散力决定，分子的相对分子质量越大，分子的变形性越大，分子间的色散力也越大。

第九章 配位化合物

学习目标

1. **掌握** 配位化合物的组成、配离子、配位体、内界、外界的概念；简单配合物的化学式命名；按名称写出化学式。

2. **熟悉** 配合物价键理论的基本内容；配合物的空间构型；稳定常数及配位平衡的移动。

3. **了解** 配合物、螯合物在医药学方面的应用。

考核知识点

1. 配合物的定义、组成（中心原子或离子、配位体、配位原子、配位数）、命名、类型。

2. 配合物的价键理论；①形成配合物的必要条件；②中心原子轨道杂化和配离子的空间构型；③内轨型和外轨型配合物的形成与性质（含磁矩与未成对电子数之间的关系）。

3. 水溶液中的配位平衡：①配位平衡常数（$K_{稳}$ 或 $K_{不稳}$）；②应用配位平衡常数进行的计算。

4. 螯合物。

一、知识导航

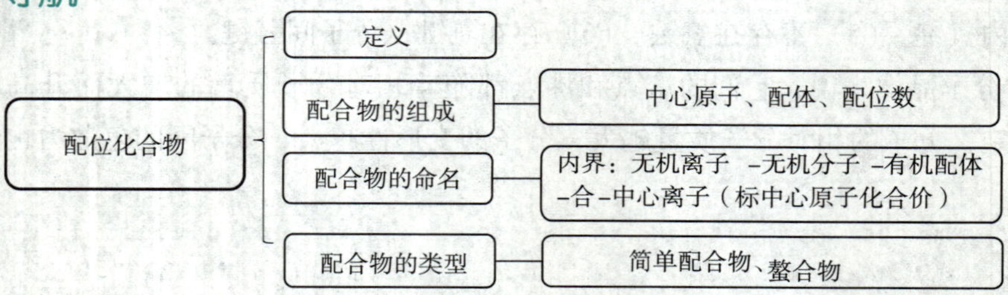

二、重难点解析

1. 配位键、配合物、配离子及配合物的组成的概念分别是什么？

（1）配位键的概念　由一个原子单独供给电子对为两个原子共用而形成的共价键，称为配位键。配位键是极性键，是一种特殊形式的共价键。配位键的形成条件：一个原子有孤对电子；另一个原子的价电子层有空轨道。

（2）配合物的概念　由一个金属阳离子（或原子）和一定数目的中性分子或阴离子以配位键结合而成的复杂离子（或分子）称为配位单元。带电荷的配位单元称为配离子，不带电荷的配位单元称为配位分子。含有配位单元的化合物统称为配合物。

配合物与复盐的区别：配合物溶于水不能全部离解为简单离子；复盐是由两种或两种以上简单盐组成，一旦溶于水就全部电离为简单离子。

（3）配合物的组成　配合物一般是由内界和外界组成（配位分子无外界）。内界是由中心原子和配位体组成，内界是配合物的特征部分即方括号以内的部分。方括号以外的部分是配合物的外界。内界与外界之间是以离子键结合，中心原子与配位体之间是以配位键结合。

2. 试用价键理论分析以下问题。配体和中心金属为什么会生成配位键？它们是借什么力结合起来的？为什么中心离子只能同一定数目的配位体结合生成配合物？生成配合物后性质有何变化？

价键理论认为：配位化合物中心离子 M 与配位体 L 之间一般是中心原子提供空轨道，配位体提供孤对电子，形成 L→M 的配位键，使 M 和 L 结合在一起，这种通过配体提供孤对电子形成的配位键叫 σ 配键，如 $[Co(NH_3)_6]^{3+}$。为了增加成键能力，中心原子 M 用能量相近的轨道如 3d、4s、4p、4d 杂化，以杂化的空轨道来接受配体 L 的孤对电子形成配合物。

因此，价键理论认为：中心离子与配位体之间的结合力为共价型的配位键，为了提高成键能力，中心离子的空轨道在成键过程中进行各种类型的杂化，杂化轨道类型决定配合物的空间构型。常见的有直线型 sp 杂化，平面三角形 sp^2 杂化，正四面体 sp^3 杂化，四方形 dsp^2 杂化，三角双锥 dsp^3 杂化，四方锥 d^4s，八面体 sp^3d^2 杂化。生成配合物后其空间构型、稳定性及某些配离子的磁性发生改变。

3. 如何判断一种化合物是内轨配合物还是外轨配合物？何谓内轨配合物和外轨配合物？

通常根据配合物的中心原子的未成对电子数进行判断。

中心离子以最外层的原子轨道（ns，np，nd）组成杂化轨道，和配位原子形成配位键，称为外轨配键，其对应的配合物为外轨型配合物；在外轨型配合物中，中心离子仍保持其自由离子状态的电子结构，配体的孤对电子仅进入其外层的空轨道，磁性不变。而中心离子以部分次外层轨道如（n－1）d 轨道参与组成杂化轨道，则形成内轨配键，其对应的配合物称为内轨型配合物。

决定配合物为内轨型还是外轨型的主要因素是中心离子的电子构型。通常中心离子 d 电子数为 1 ~ 3 时一般形成内轨型配合物；d 电子数为 9 ~ 10 时只能形成外轨型配合物，其磁性不变；d 电子数为 4 ~ 8 时，两种情况都有可能。

4. 判断下列说法的正误并说明理由：（1）配合物必须同时具有内界和外界；（2）只有金属离子才能作为配合物形成体；（3）形成体的配位数即是配位体的数目；（4）配离子的电荷数等于中心离子的电荷数。

（1）错误。有些配合物不存在外界，只有内界。如 $[Ni(NH_3)_2(C_2O_4)]$；$[PtCl_2(NH_3)_2]$。

（2）错误。一些具有高氧化态的非金属元素也能作为形成体如 $Na_2[SiF_6]$ 中的 Si(Ⅳ)、$Na[BF_4]$ 中的 B(Ⅲ) 和 $NH_4[PF_6]$ 中的 P(Ⅴ)；此外极少数的阴离子，如在 $HCo(CO_4)$ 中的 Co(－1)。

（3）错误。当配体为单齿配体时，配位数＝配体数；配体为多齿配体时，配位数＝齿数×配体数。

（4）错误。配离子的电荷数等于形成体和配体电荷的代数和。

5. 何谓螯合物和螯合效应？在下列化合物中哪些可能作为有效的螯合剂？

H_2O　NCS^-　H_2N-NH_2　$(HOOCCH_2)_2N-CH_2-CH_2-N(CH_2COOH)_2$　$(CH_3)_2N-NH_2$

中心原子与多齿配体形成的具有环状结构的配合物称螯合物。多齿配体与中心原子的成环作用使螯合物比组成和结构相近的非螯合物稳定得多，这种现象称为螯合效应。题中 $(HOOCCH_2)_2N-CH_2-CH_2-N(CH_2COOH)_2$（EDTA）可作螯合剂。

6. 晶体场理论为何可以解释配合物的颜色？

显色产生的原理：物质分子中有很多能级，电子在各能级之间跃迁。吸收能量（某个频率的光子）从低能级跃迁到（与光子能量相等的）特定高能级时，吸收光子的频率与其分裂能有关。当分裂能正好对应可见光区，则能级跃迁就会吸收特定波长的可见光，而呈现其互补的可见光颜色。

三、补充习题

（一）单项选择题

1. 配合物 $K_3[Fe(CN)_6]$ 的中心离子是________。

A. K^+　　B. Fe^{2+}　　C. Fe^{3+}　　D. CN^-

2. 配离子与外界离子间的化学键是________。

A. 离子键　　B. 极性共价键　　C. 非极性共价键　　D. 配位键

3. 在配合物中，中心离子和配位体间的化学键是________。

A. 离子键　　B. 极性共价键　　C. 非极性共价键　　D. 配位键

4. 下列说法正确的是________。

A. 配合物的内界与外界之间主要以共价键结合

B. 内界中有配键，也可能形成共价键

C. 由多齿配体形成的配合物，可称为螯合物

D. 在螯合物中没有离子键

5. 价键理论认为，配合物的空间构型主要决定因素是________。

A. 配体对中心原子的影响　　B. 中心原子对配体的影响

C. 配位原子对中心原子的影响　　D. 中心原子的原子轨道的杂化方式

6. $[Ni(en)_3]^{2+}$ 离子中镍的价态是________。

A. 0　　B. +1　　C. +2　　D. +3

7. 在 $[Co(C_2O_4)_2(en)]^-$ 配离子中，中心离子的配位数为________。

A. 3　　B. 4　　C. 5　　D. 6

8. 对配位化合物 $[Cu(NH_3)_4]SO_4$ 的叙述，不正确的是________。

A. Cu^{2+} 和 NH_3 之间以配位键相结合

B. $[Cu(NH_3)_4]^{2+}$ 和 $SO_4{}^{2-}$ 之间以离子键相结合

C. Cu^{2+} 和 NH_3 之间以离子键相结合

D. $[Cu(NH_4)_3]SO_4$ 在水中能完全电离成 $[Cu(NH_3)_4]^{2+}$ 和 SO_4^{2-}

9. 配位化合物 $NH_4[CrNH_3H_2O\ (SCN)_2Cl_2]$ 中心离子的配位数是________。

A. 2　　B. 4　　C. 6　　D. 8

10. 下列配体中能做螯合剂的是________。

A. NH_3　　B. F^-　　C. $C_2O_4{}^{2-}$　　D. CO

11. EDTA 与金属离子多是以________的关系配合。

A. 1∶5　　B. 1∶4　　C. 1∶2　　D. 1∶1

12. 配离子的电荷数是由________决定的。

A. 中心离子电荷数　　B. 配体电荷数

C. 配位原子电荷数　　D. 中心离子和配体电荷数的代数和

13. 在配体 NH_3、H_2O、SCN^-、CN^- 中，通常配位能力最强的是________。

A. SCN^-　　B. NH_3　　C. H_2O　　D. CN^-

14. 中心离子的配位数等于________。

A. 配体总数　　B. 配体原子总数

C. 配位原子总数　　D. 中心离子数

15. 配离子 $[Co(en)_3]^{3+}$ 的中心离子配位数是（en：乙二胺）________。

A. 2　　B. 3　　C. 4　　D. 6

（二）多项选择题

16. 下列属于配位化合物的有________。

A. $Na_4[Fe(CN)_6]$　　B. $K[HgI_4]$

C. $[Cu(NH_3)_4]SO_4$　　D. $KAl(SO_4)_2$

E. $[Ni(CO)_4]$

17. 下列化合物中，可作有效螯合剂的是________。

A. HO–OH　　B. $H_2N–(CH_2)_3–NH_2$　　C. $(CH_3)_2N–NH_2$

D. CH_3COO^-　　E. $H_2N(CH_2)_4COOH$

18. 向$[Cu(NH_3)_4]^{2+}$水溶液中通入氨气，则下列说法正确的是________。

A. $[Cu(NH_3)_4]^{2+}$的 $K_s^\ominus$ 增大　　B. $[Cu(NH_3)_4]^{2+}$ + 的 $K_s^\ominus$ 减小

C. $[Cu(NH_3)_4]^{2+}$的 $K_s^\ominus$ 不变　　D. $[Cu^{2+}]$减小

E. $[Cu^{2+}]$增大

（三）判断题

1. 配合物的组成一般有内界和外界之分。(　　)

2. 在配合物中，配位数是中心离子电荷数的 2 倍。(　　)

3. 配位数就等于中心离子的配位体的数目。(　　)

4. 乙二胺四乙酸（EDTA）是多基配体。(　　)

5. EDTA 与金属离子的配位能力随溶液的 pH 增大而增强。(　　)

6. 在 $pH>12$ 时，EDTA 的配位能力最强，故 EDTA 的酸效应可以忽略。(　　)

（四）填空题

1. 由一个________和一定数目的________或________结合而成的复杂离子称为配位离子。配合物是配离子和________所组成的化合物。配合物$[Ag(NH_3)_2]OH$ 的名称为________，中心离子为________，配位体为________，配位原子为________，配位数为________，内界为________，外界为________。

2. 配位原子是$[Co(NH_3)_3(H_2O)Cl_2]Cl$ 的中心离子是________，配位体是________，配位原子是________，配位数是________，内界为________，该配合物的系统命名为________________。

3. EDTA 与金属离子配合，不论金属离子是几价，绝大多数都是以________的关系配合。

4. 配合物$[Cu(NH_3)_4]SO_4$ 的名称为________________，中心离子的氧化数为________，配位数为________，配位原子为________。

5. 配合物$[Co(NH_3)_4Cl_2]Cl$ 的中心离子是________，配位体是________，中心离子的配位数是________，配合物的名称是________________。

6. 配合物一般分为________和________两个组成部分，NH_3 分子中的配位原子是________。

7. 在[$Cu(NH_3)_4$]SO_4 溶液中含量较多的两种离子是________和________离子。

（五）综合问答题

1. EDTA 和金属离子形成的配合物有哪些特点？

2. 下列化合物中哪些是配合物？哪些是螯合物？哪些是复盐？哪些是简单盐？

（1）$CuSO_4 \cdot 5H_2O$　　（2）[$Ag(NH_3)_2$]OH

（3）[$Ni(en)_2$]Cl_2　　（4）$(NH_4)_2$[$Fe(Br)_5(H_2O)$]

（5）$KCl \cdot MgCl_2 \cdot 6H_2O$　　（6）[$Pt(NH_3)_2(OH)_2$]Cl_2

3. 命名下列配合物，并指出中心离子、配体、配位原子、配位数、配位离子电荷。

（1）H_2[SiF_6]　（2）[$Ag(NH_3)_2$]OH　（3）[$Cu(en)_2$]Br_2　（4）[$Ni(NH_3)_2(C_2O_4)$]

4. 写出下列配合物的化学式

（1）三溴化六氨合钴（Ⅲ）　　（2）六硫氰酸合钴（Ⅲ）酸钾

（3）二氯二乙二胺合镍（Ⅱ）　（4）硫酸亚硝酸·五氨合钴（Ⅲ）

四、参考答案

（一）单项选择题

1～5. BADBD　6～10. CDCCC　11～15. DDDCD

（二）多项选择题

16. ABCE　17. BE　18. CD

（三）判断题

1～5. √××√√　6. ×

（四）填空题

1. 金属阳离子（或原子）；中性分子；阴离子；带相反电荷的其他离子；氢氧化二氨合银(Ⅰ)；Ag^+;NH_3;N;2;[$Ag(NH_3)_2$]$^+$;OH^-

2. Co^{3+};NH_3、H_2O、Cl^-;N、O、Cl;6;[$Co(NH_3)_3(H_2O)Cl_2$]$^+$;氯化二氯·三氨·一水合钴（Ⅲ）

3. 1∶1

4. 硫酸四氨合铜（Ⅱ）；+2；4；N

5. Co^{3+};NH_3、Cl^-;6;氯化二氯·四氨合钴（Ⅲ）

6. 内界；外界；N

7. [$Cu(NH_3)_4$]$^{2+}$;$SO_4{}^{2-}$

（五）综合问答题

1. （1）EDTA 与金属离子配位时形成五个五元环，具有特殊的稳定性。

（2）EDTA 与不同价态的金属离子生成配合物时，配位比简单。

（3）生成的配合物易溶于水。

（4）EDTA 与无色金属离子配位形成无色配合物，可用指示剂指示终点；EDTA 与有色金属离子配位形成配合物的颜色加深，不利于观察。

（5）配位能力与溶液酸度、温度有关和其他配位剂的存在等有关，外界条件的变化也能影响配合物的稳定性。

2.（2）（4）（6）配合物；（3）螯合物；（1）简单盐；（5）复盐

3.

题号	配合物名称	中心离子	配体	配位原子	配位数	配离子电荷
（1）	六氟合硅（Ⅳ）酸	Si^{4+}	F^-	F	6	−2
（2）	氢氧化二氨合银（Ⅰ）	Ag^+	NH_3	N	2	+1
（3）	二溴化二乙二胺合铜（Ⅱ）	Cu^{2+}	en	N	4	+2
（4）	二氨·一草酸根合镍	Ni^{2+}	$NH_3C_2O_4{}^{2-}$	N，O	4	0

4. 答：（1）$[Co(NH_3)_6]Br_3$

（2）$K_3[Co(SCN)_6]$

（3）$[Ni(en)_2]Cl_2$

（4）$[Co(ONO)(NH_3)_5]SO_4$

第十章　生命元素和有毒元素

学习目标

1. **掌握**　人体必需元素和有毒元素；金属元素的种类及其功能；非金属元素的种类及其功能；常见阴阳离子的鉴定方法。

2. **熟悉**　常见生命元素种类及其在体内的生物学效应。

3. **了解**　能从有关药物和食物中获取的有关人体常见生命元素。

考核知识点

1. 人体必需元素和有毒元素。
2. 常见生命元素的生物学效应。
3. 人体常见生命元素有关药物、食物及有害元素的污染物。

一、知识导航

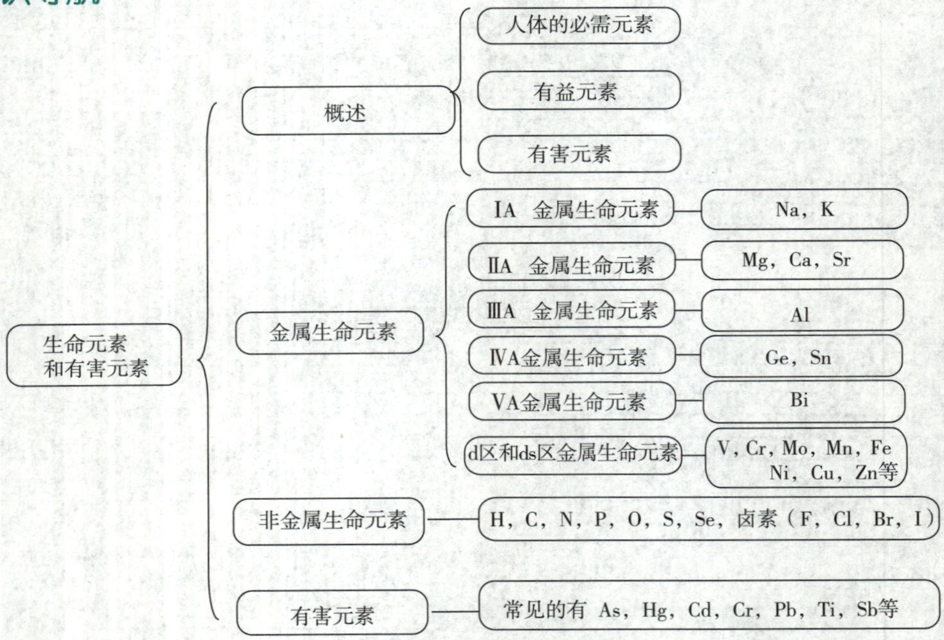

二、重难点解析

（一）化学元素与生命健康

人类至今在自然界发现118种天然和人工合成的化学元素，其中94种是已知天然存在的化学元素。构成生命的基本物质是元素，研究发现，人体可以检测出的有81种，根据其生物学效应，分为生命必需元素（包括常量元素、微量元素）和有害元素。

1. 常量元素 指含量占生物体总质量0.01%以上的元素。人体常量元素有11种，包括氧（O）、碳（C）、氢（H）、氮（N）、磷（P）、硫（S）、氯（Cl）、钾（K）、钠（Na）、钙（Ca）和镁（Mg）。

2. 微量元素 指含量占生物体总质量0.01%以下的元素，包括铁、铜、锌、钴、锰、铬、钼、镍、钒、锡、硅、硒、碘、氟、锶、硼、铷、砷等。其中锌、铜、铁、钙四种是与少儿生长发育息息相关，且是常缺乏的元素。

3. 有害元素 指过量存在于生物体中会威胁到生物体的健康与生存的元素，主要包括重金属元素以及部分非金属元素，包括铅（Pb）、镉（Cd）、汞（Hg）、铝（Al）、铊（Tl）、锑（Sb）等。

（二）必需元素与人体健康

1. 碳、氢、氧、氮、硫、磷 氢（H）是1号元素，碳（C）是6号元素，氮（N）是7号元素，氧（O）是8号元素，磷（P）是15号元素，硫（S）是16号元素。碳、氢、氧、氮、硫、磷是组成生物体蛋白质、脂肪、活性肽、多糖、核酸、激素以及维生素的合成不可缺少的重要元素。他们也是提供细胞基础结构，组成地球生命的基础物质。

另外，氧是地壳中最丰富、分布最广的元素，也是构成生物界与非生物界最重要的元素，在地壳中含量为48.6%。硫（S）是构成氨基酸和动植物蛋白质、组织液和各种辅酶的重要常量元素，号称人们保持亮丽容颜所不可缺少的“天然美容品”。全球大气中CO_2浓度增加，产生的温室效应备受国际社会广泛关注，节能减排，低碳生活已经成为全球各国高度重视的一项环境工程。

2. 钠、钾、氯 钾（K）是第19号元素，钾主要分布在人体肌肉中，大约占有70%，皮肤中占有10%，其余的20%分别存在于细胞、神经、肾脏以及脑髓等组织器官中，骨骼中也含有少量钾。钾对维护心脏的正常功能有重要作用，它可通过排泄、扩张血管的作用保持体内水和钠的含量正常，使血压降低，起到降压作用，促使血压值正常。

钠（Na）是第11号元素，正常成人体内钠约占总重的0.14%，其中80%分布于细胞外液，血浆中钠的浓度约为0.135～0.148mol/L。钠的主要生理功能是维持细胞外液的渗透压和体液酸碱平衡，并参与神经信息的传递过程。

氯（Cl）是17号元素，人体内氯含量为105g左右，约占体重0.12%，婴儿含量较多，约占体重0.2%。氯在体内主要以氯离子的形式存在，维持细胞外液渗透压、容量、水平衡和酸碱平衡。

钠、钾、氯共同的功能是调节体液渗透压，电解质平衡和酸碱平衡。通过钠－钾泵，将钾离子、葡萄糖和氨基酸输入细胞内部，维持核糖体的最大活性，以便有效地合成蛋白质。钾离子也是稳定细胞内酶结构的重要辅因子。同时，钠离子、钾离子还参与神经信息的传递。

3. 钙 钙（Ca）是第20号元素。钙是人体中最活跃的常量元素，其含量约占人体体重的1.5%～2.0%，其中99%以钙盐形式存在于骨骼和牙齿中，另外1%以游离或化合状态存在于软组织和细胞外液（包括血液）中。

钙是骨骼、牙齿和细胞壁形成时的必要结构成分（如磷灰石、碳酸钙等），钙离子在传递激素信号，触发肌肉收缩和神经信号，诱发血液凝结和稳定蛋白质结构中起着重要的作用。

4. 镁 镁（Mg）是第12号元素，镁在人体中的含量约为0.027%，其中约60%以磷酸盐和碳酸盐形式沉积在骨骼表层，其余大多存在细胞内，是人体不可缺少的矿物质元素之一。

镁参与体内糖代谢及呼吸酶的活性，是糖代谢和呼吸不可缺少的辅因子。既与乙酰辅酶A形成有关，还与脂肪酸的代谢有关。镁参与蛋白质合成时起催化作用；与钾离子、钙离子、钠离子协同作用共同维持肌肉神经系统的兴奋性，维持心肌正常结构和功能。在植物中，镁参与的重要生化合成过程是光合作用，在此过程中含镁的叶绿素捕获光子，并利用该能量固定二氧化碳而放出氧。

5. 铁 铁（Fe）是第26号元素。铁是人体必需元素，存在于人体所有细胞中，各组织器官，包括各内分泌腺都含有铁。肝脏、脾脏和肺组织内含量较为丰富。成人体内约有3~5g铁，大部分都以蛋白质复合物形式存在。铁的主要功能是作为机体内运载氧分子的呼吸色素。哺乳动物血液中血红蛋白和肌肉组织中的肌红蛋白的活性部位，都由铁（Ⅱ）和卟啉组成。含铁蛋白（如细胞色素、铁硫蛋白）是生物氧化还原反应中的主要电子载体，它是所有生物体内能量转换反应中不可缺少的物质。

6. 铜 铜（Cu）是第29号元素。铜为人体必需微量元素，铜在人体内含量约100~150mg，血清铜正常值为100~120μg/dl，主要从日常饮食中摄入。铜对血红蛋白的形成起活化作用，促进铁的吸收和利用，人体缺铜会引起各种疾病，如贫血、心血管损伤、冠心病、脑障碍、骨质疏松、关节炎等，缺铜也是引起“少白发”的原因之一，甚至引起脱发、白癜风。需要注意的是，人体对铜的需求量与中毒量十分接近，因此，不可擅自滥服铜制剂，以预防过量中毒。

7. 锌 锌（Zn）是第30号元素。锌是人体中必需的微量元素，正常成人含锌15~25g，大部分分布在骨骼、肌肉、血浆和头发中，含锌最高的组织是眼球、精液和前列腺。锌是人体许多金属酶的组成成分或酶的激活剂，参与核酸和能量代谢，参与胰岛素的合成。锌在维持维生素A的正常代谢功能及对黑暗环境的适应能力，维持正常的味觉功能和食欲，对生长发育尤其是对促进儿童的生长和智力发育具有重要的作用。

8. 锰 锰（Mn）是第25号元素，锰是人体必需的微量元素，在人体器官中，肝脏、肾脏及胰腺锰含量最高，在这些组织细胞的线粒体内，锰起着维持细胞各种呼吸酶的活性作用。没有含锰酶就不可能进行专一的代谢过程，如尿素的合成。锰也参与组建植物光合作用中光解水反应中心。此外，锰还与骨骼的形成和维生素C合成有关。

9. 钼 钼（Mo）是第42号元素。钼是人体必需的微量元素，其生理功能是通过各种钼酶的活性来实现的。钼参与氮分子的活化、黄嘌呤氧化、硝酸盐还原以及亚硝酸盐的代谢，阻止致癌物亚硝胺的形成，抑制食管和肾对亚硝胺的吸收，从而防止食道癌和胃癌发生。

10. 钴 钴（Co）是第27号元素，是体内重要维生素 B_{12} 的组分。维生素 B_{12} 参与体内很多重要的生化反应，主要包括脱氧核糖核酸（DNA）和血红蛋白合成、氨基酸代谢和甲基转移等。

11. 铬 铬（Cr）是第24号元素，铬是人体必需的微量元素，正常人体约含有6~7mg，广泛分布于体内各个组织器官和体液中，参与糖代谢。铬是胰岛素的辅因子，也是胃蛋白酶的重要组分，还经常与核糖核酸（RNA）共存。其主要功能是调节血糖代谢，帮助维持体内所允许的正常葡萄糖含量，并和核酸脂类、胆固醇合成以及氨基酸利用有关。

12. 钒、锡、镍 钒（V）是第23号元素，锡（Sn）是第50号元素，镍（Ni）是第28号元素。它们都是人体有益元素。钒能降低血液中胆固醇含量；还具有胰岛素的作用，对糖尿病人有一定的好处。锡可能与蛋白质的生物合成有关。镍能促进体内铁的吸收、红细胞的增长和氨基酸合成等。

13. 硅 硅（Si）是14号元素。硅是骨骼、软骨形成的初期阶段所必需的组分。同时，能使上皮组织和结缔组织保持必需的强度和韧性，保持皮肤机械稳定性以及血管壁通透性，还能排除机体内铝的毒害作用。

14. 硒 硒（Se）是34号元素，是人体必需微量元素，但人体无法合成，必须从外界摄取。硒对于维持人的生命活动发挥着重要作用，与人体健康有密切关系。硒是谷胱甘肽过氧化物酶的必要构成部分，具有保护血红蛋白免受过氧化氢和过氧化物损害的功能，同时具有抗衰老和抗癌的生理作用。

15. 氟、碘和溴 氟（F）是9号元素，在体内主要以 CaF_2 形式分布在骨骼、牙齿、指甲和毛发中，尤以牙釉质中含量最多。骨盐中氟多时，骨质坚硬，而且适量的氟有利于钙和磷的利用及在骨骼中沉积，可加速骨骼形成，促进生长，并维护骨骼健康。氟有预防龋齿、保护人牙齿健康的作用。

溴（Br）是35号元素，是一种有益于人体健康的微量元素，人体中溴高达200mg，约60%的溴分布在肌肉，12%分布在血液，脑及全身组织中都含有一定量溴化物。溴对人体中枢神经系统和大脑皮层高级神经活动具有抑制和调节作用。溴矿泉水可用于治疗神经官能症、自主神经紊乱症、神经痛和失眠等。

53号元素碘（I）是生命体所需的重要微量元素。正常成人体内约含碘25～36mg，人体内约有40%～60%的碘聚集在甲状腺内，参与甲状腺素的形成。当人体碘摄入量超过生理需要量后，可能会引起高碘甲状腺肿，其致病剂量低者为0.5mg/d，高者为1.0 mg/d。另外，长期服用含碘药物，可引起碘中毒，主要症状为恶心、呕吐、局部疼痛，甚至晕厥，突出的症状是血管神经性水肿，咽部水肿可导致窒息。

（三）有害元素

有毒元素是指对人体生命功能产生侵害的元素，轻者损坏机体，重者危及生命。常见的有砷（As）、汞（Hg）、镉（Cd）、铬（Cr）、铅（Pb）、铊（Tl）、锑（Sb）等。

1. 砷 砷（AS）是33号元素，俗称砒。砷及其化合物广泛存在于环境中，不溶于水，几乎没有毒性，最常见的三价砷和五价砷。其中三氧化二砷（As_2O_3），称为砒霜，是毒性最强的化合物，人只要口服几毫克就可以中毒，60～200mg即可致死。As（Ⅲ）毒性强的另一个原因则是其在水中溶解度很大，且在组织中排泄很慢，很容易蓄积于人体组织中，引起蓄积性砷中毒。

2. 汞 汞（Hg）是第80号元素。汞在自然界中主要以元素汞、无机汞和有机汞（甲基汞等）三种形式存在，其中有机汞（甲基汞）毒性最强，无机汞毒性相对较弱。元素汞常温下即可挥发，通过呼吸道侵入人体后可被肺泡吸收，并经血液循环侵入全身，皮肤也有一定吸收，尤其皮肤在破损或溃烂时吸收量较多。主要表现为肝炎、肾炎、尿血和尿毒等。

3. 镉 镉（Cd）是第48号元素镉主要通过呼吸道和消化道侵入人体。它不是人体必需微量元素，新生儿体内并不含镉，但随着年龄的增长，50岁左右的人体内含镉也可达到20～30μg/kg。当镉的浓度在各器官中超过该限度时，就会发生镉中毒。急性镉中毒可引起肺水肿、肺气肿。慢性镉中毒则主要对肾脏、骨骼、心血管、免疫系统以及生殖系统产生不同程度的毒性影响。

4. 铬 铬（Cr）是第24号元素。铬在天然食品中含量较低，均以三价的形式存在。人们从食物中获取的铬很少且对人体无害，并且三价铬［Cr（Ⅲ）］是人体必需的微量元素，但六价铬［Cr（Ⅵ）］的化合物是公认的致癌物。重铬酸钾对肝肾都有毒性，尿中出现蛋白，严重者出现急性肾功能衰竭。

5. 铅 铅（Pb）是第82号元素。铅对人体危害极大，如对神经系统、骨骼造血功能、消化系统、男性生殖系统等均有危害。特别是大脑处于神经系统敏感期的儿童，对铅有特殊敏感性。研究表明，儿童智力低下的发病率随铅含量增加而升高。儿童体内血铅每上升10μg/100ml，儿童智力则下降6～8分，当血铅含量超过200μg /L时，儿童会有多动、注意力不集中等表现；超过400μg/L时会出现严重贫血；大于700μg/L则会腹绞痛，严重的出现昏迷、肌肉痉挛等症状。

6. 铊 铊（Tl）是第81号元素。铊在地壳中的含量约为十万分之三，以低浓度分布在长石、云母和铁、铜的硫化物矿中，独立的铊矿很少。铊是有毒元素，其毒性高于铅（Pb）和汞（Hg），为强烈的神经毒物。可对患者造成永久性损害，如肌肉萎缩、肝肾的永久性损伤等。成人的最小致死剂量为12mg/kg，儿童为8.8～15mg/kg。

7. 锑 锑（Sb）是第51号元素。锑及其许多化合物都具有毒性，最小致死量（大鼠，腹腔）100mg/kg。其主要是与体内巯基结合，从而抑制巯基酶的活性，干扰体内蛋白质和糖的代谢，损害肝脏、心脏及神经系统，对黏膜产生刺激作用。

三、补充习题

（一）单项选择题

1. 人们从食盐中摄取一种必需常量元素是________。

A. 钠　B. 钾　C. 镁　D. 钙

2. 下列物质属于空气污染物的是________。

A. O_2　B. N_2　C. NO_2　D. CO_2

3. 下能引起温室效应的气体是________。

A. O_2　B. N_2　C. SO_2　D. CO_2

4. 在组成生物体的化学元素中，质量分数最多的是________。

A. O　B. C　C. H　D. N

5. 在生物体内含量极少，但对维持生物体正常生命活动必不可少的元素有________。

A. Fe、Mn、Zn、Mg　B. Zn、Cu、Fe、Mn

C. B、Mn、Cu、Mo　D. Zn、Cu、Mn、Ca

6. 下列不属于有毒元素的是________。

A. 砷　B. 汞　C. 铅　D. 氢

7. 测定某一物质时，发现其中C、H、N三种元素的质量分数仅占1%，该物质可能是________。

A. 鲜花　B. 干种子　C. 岩石　D. 骨

8. 预防龋齿和保护牙齿健康的元素是________。

A. 钠　B. 钙　C. 氟　D. 铁

9. 地壳含量最丰富的生命元素是________。

A. O　B. Fe　C. Ca　D. Zn

10. 下列属于常量元素的是________。

A. 铜　B. 锶　C. 铝　D. 硫

11. 生活中常接触到“加碘食盐”“高钙牛奶”，其中的“碘”和“钙”应理解为________。

A. 单质　B. 分子　C. 元素　D. 原子

12. “镉大米”成为公众关注的热点问题之一。据了解，含镉的大米对人的肝肾损害比较大。镉（Cd）的原子序数为48，中子数为64，下列说法错误的是________。

A. 镉原子的质子数为48　B. 镉原子的相对原子质量为112g

C. 镉是金属元素　D. 镉原子的核外电子数为48

13. 正确读写化学符号是学好化学的基础。铝元素符号书写正确的是________。

A. AL　B. al　C. aL　D. Al

14. 硒被誉为“抗癌大王”。根据下图提供的硒的有关信息，下列说法中，正确的是________。

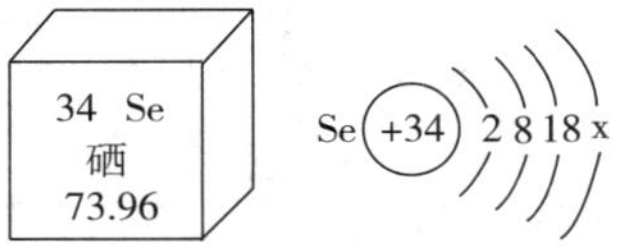

A. 硒属于金属元素　　B. 硒的原子序数是34

C. 硒的原子结构示意图中 x = 4　　D. 硒的相对原子质量是78.96 g

15. 2017年中国部分地区出现镉污染的大米，食用后对人体有害。下列有关镉的说法中错误的是________。

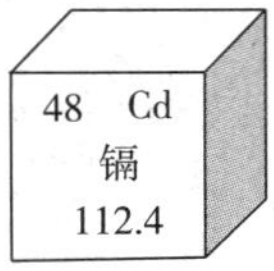

A. 镉的原子序数是48　　B. 镉属于非金属元素

C. 镉的元素符号是Cd　　D. 镉的相对原子质量是112.4

16. 绿茶中的单宁酸具有抑制血压上升、清热解毒、抗癌等功效，其化学式为 $C_{76}H_{52}O_{46}$，下列说法不正确的是________。

A. 单宁酸由碳、氢、氧三种元素组成

B. 一个单宁酸分子由76个碳原子、52个氢原子和46个氧原子构成

C. 单宁酸分子中碳、氢、氧原子个数比为38∶26∶2

D. 一个单宁酸分子中含26个氢分子

17. 世界新冠病毒疫情治疗的新药是瑞德西韦，其分子式是 $C_{27}H_{35}N_6O_8P$，有关该物质的下列说法不正确的是________。

A. 一个分子中含有77个原子

B. 该物质由碳、氢、氮、氧、磷五种元素组成

C. 分子中碳、氢、氮、氧、磷的原子个数比为27∶35∶6∶8∶1

D. 分子中碳、氢、氮、氧、磷五种元素的质量比为27∶35∶6∶8∶1

18. 全球汞污染严重，《国际防治汞污染公约》规定，在2020年前禁止生产和出口含汞产品，如电池、荧光灯、化妆品、温度计、血压计等，下列有关汞元素的信息中，正确的是________。

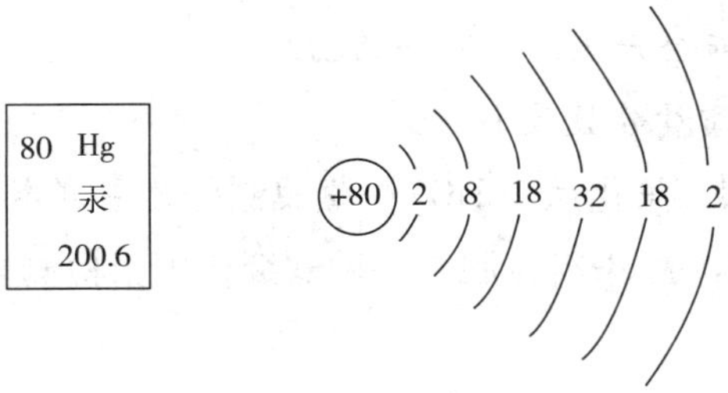

A. 汞元素属于非金属元素

B. 汞的核电荷数为80

C. 在化学反应中，汞原子容易得到电子

D. 一个汞原子重为200.6g

19. 地壳中含量居第二位，其单质是优良的半导体材料的元素是________。

A. Fe　　B. Si　　C. Al　　D. O

20. 帕拉米韦氯化钠注射液是一种抗击新型的抗流感病毒药物。其化学式为 $C_{15}H_{28}N_4O_4$，下列有关说法正确的是________。

A. 帕拉米韦属于有机化合物

B. 帕拉米韦中氢元素质量分数最高

C. 帕拉米韦由四种原子构成

D. 帕拉米韦中氮元素和氧元素的质量比为 1∶1

21. H_nN_n 新型流感病毒严重威胁人们健康，其治疗有效药物达菲可用莽草酸（$C_7H_{10}O_5$）制取。有关莽草酸的说法正确的是________。

A. 莽草酸中氢元素的质量分数最大

B. 莽草酸由碳、氢、氧三种元素组成

C. 莽草酸中各元素的质量比为 7∶10∶5

D. 每个莽草酸分子里含有 5 个氢分子

22. 最近科学家用钙原子轰击锫原子，合成 117 号元素（部分信息如图所示）。下列说法错误的是________。

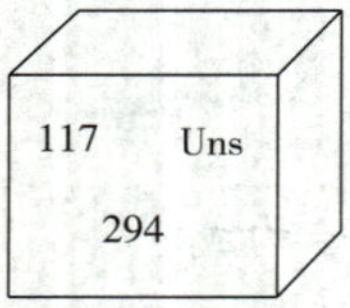

A. 该元素的相对原子质量为 294g

B. 该元素的原子序数为 117

C. 该元素的核外电子数为 117

D. 钙和锫都属于金属元素

23. 黄曲霉素（化学式为 $C_{17}H_{12}O_6$）广泛存在于变质的花生、玉米和谷物等农产品中，下列有关说法错误的是________。

A. 黄曲霉素有很强的毒性

B. 其相对分子质量为 312

C. 每个分子中含有 6 个 H_2O

D. 每 1 个分子由 35 个原子构成

24. 有媒体曝光：生姜种植户在种植生姜时使用了一种叫“神农丹”的剧毒农药。“神农丹”所含物质的化学式为 $C_7H_{14}N_2O_2S$，下列关于该物质的说法，不正确的是 ________。

A. 该物质由五种元素组成

B. 该物质的一个分子中含碳、氢原子的个数比为 1∶2

C. 该物质燃烧时可能会产生形成酸雨的物质

D. 该物质中硫元素质量分数最小

25. 我国科学家用滤纸和二氧化钛（TiO_2）薄膜制作出一种新型“纳米纸”，又在纳米纸上“铺”一层“萘胺”（$C_{10}H_9N$）染料，制成一种试纸，用于检测食品中亚硝酸盐浓度的高低。下列说法正确的是________。

A. 二氧化钛中 Ti 的化合价为 +2

B. 萘胺中 C、H、N 的原子个数比为 10∶9∶1

C. 二氧化钛和萘胺都是有机物

D. 这种试纸是一种新型化合物

（二）填空题

1. 用化学符号表示：（1）铁元素________；（2）2 个氢氧根离子________；（3）2 个氮原子________；（4）铁离子________；（5）地壳中含量最多的元素________；（6）明矾________；（7）碳酸氢铵________；（8）氧化铝________。

2. 写出下列物质的化学式：（1）纯碱________；（2）烧碱________；（3）大理石的主要成分________；（4）地壳中含量最多的金属元素________。

3. 下图中 A、B、C、D 是四种粒子的结构示意图，请回答下列问题。

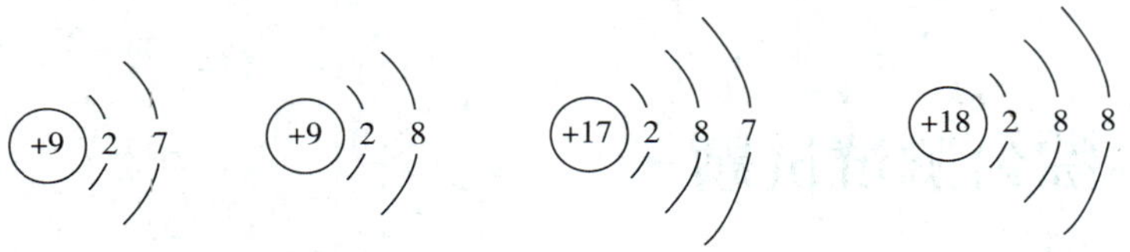

A　　B　　C　　D

（1）以上四种粒子的结构示意图中，属于同种元素的粒子是（填字母代号）__________；

（2）以上四种粒子中，易得到电子的是（填字母代号）__________；

（3）D 元素的名称是__________；

（4）以上元素的化学性质相似的是__________。

4. 多吃海带可预防"大脖子病"是因为海带中含有丰富的__________。

5. 空气中含量最多的元素是__________，地壳中含量最多的元素是__________，地壳中含量最多的金属元素是__________。

6. __________、__________、__________、__________、__________、__________被称为构成生命体的六大重要元素。

7. __________是人体最基本的电解质，钠有维持血压的功能。

8. __________是人体必需微量元素，其四价和五价化合物对人体都具有生物学意义。

四、参考答案

（一）单项选择题

1－5. ACDAC　6－10. DCCAD　11－15. CBDBB　16－20. DDBAB　21－25. BCCDB

（二）填空题

1. （1）Fe；（2）2 个 OH^-；（3）2N；（4）Fe^{3+}；（5）O（6）$KAl(SO_4)_2 \cdot 12H_2O$，（7）NH_4HCO_3；（8）Al_2O_3

2. （1）Na_2CO_3；（2）NaOH；（3）$CaCO_3$；（4）Al

3. （1）AB；（2）AC；（3）Ar；（4）AC

4. 碘（I）

5. N；O；Fe

6. 碳；氢；氧；氮；硫；磷

7. NaCl

8. 钒（V）

综合测试试题及参考答案

综合测试试题一

一、选择题（每小题3分，共30分）

1. 市售37%的浓盐酸，密度为1.19g/ml，其物质的量浓度为（　　）。

A. 1.2mol/L　　B. 2.4mol/L　　C. 12mol/L　　D. 24mol/L

2. 已知下列热化学方程式：

$$C(石墨)+O_2(g)\rightarrow CO_2(g);\ \Delta_r H_1^\ominus(298.15K)=-393.0kJ/mol$$

$$CO(g)+1/2O_2(g)\rightarrow CO_2(g);\ \Delta_r H_2^\ominus(298.15K)=-283.0kJ/mol$$

则反应：$C(石墨)+1/2O_2(g)\rightarrow CO(g)$在298.15K时的反应热$\Delta_r H^\ominus$为（　　）。

A. 110.0kJ/mol　　B. −110.0kJ/mol　　C. −676.0kJ/mol　　D. 676.0kJ/mol

3. 下列叙述正确的是（　　）。

A. 反应物的转化率与起始浓度无关　　B. 反应物的转化率与起始浓度有关

C. 平衡常数随起始浓度不同而变化　　D. 产物转化率改变将影响平衡常数

4. 催化剂能加快反应速率的主要原因是（　　）。

A. 缩短了反应的时间　　B. 改变了反应的平衡常数

C. 降低反应的活化能　　D. 增大了反应物的浓度

5. 已知$\varphi^\ominus_{Fe^{3+}/Fe^{2+}}=0.770V$　$\varphi^\ominus_{I_2/I^-}=0.540V$，在反应方程式$2Fe^{3+}+2I^-=2Fe^{2+}+I_2$中，若体系中各物质均为标准状态，则反应是（　　）。

A. 双向都不发生　　B. 从右向左自发进行

C. 处于动态平衡　　D. 从左向右自发进行

6. 对于一给定的化学反应，随着反应的进行，将发生（　　）。

A. 正反应速率降低　　B. 正反应速率常数$K_正$变小

C. 平衡常数K变小　　D. 平衡常数K变大

7. 下列原子半径中，从大到小的顺序是（　　）。

A. Be < Na < Mg　　B. Be > Na > Mg

C. Be < Mg < Na　　D. Na < Be < Mg

8. NH_3分子的空间构型、中心原子的杂化方式分别为（　　）。

A. 正三角形、sp杂化　　B. 直线形、sp^2杂化

C. 四面体形、sp^3d杂化　　D. 三角锥形、sp^3杂化

9. 将Na_2S试剂加入含下列各组离子的溶液中，不生成黑色沉淀的是（　　）。

A. Fe^{3+}，Al^{3+}　　B. Cd^{2+}，Zn^{2+}

C. Ag^+，Cu^{2+}　　D. Mn^{2+}，Pb^{2+}

10. 元素硒与下列哪种元素性质最相近（　　）。

A. 硫　　B. 氯　　C. 硅　　D. 氮

二、填空题（每小题 2 分，共 20 分）

1. 难挥发非电解质稀溶液的凝固点下降与一定量溶剂中溶质粒子的摩尔数成________比，与溶质的本性________。

2. 酸碱质子理论认为：凡能________________的物质称为酸，凡能________________的物质称为碱。

3. 已知下列两电极的标准电极电势分别为：$\varphi^{\ominus}(Pb^{2+}/Pb)=-0.13V$，$\varphi^{\ominus}(Zn^{2+}/Zn)=-0.76V$，由此两电极组成的原电池的标准电动势 $\varepsilon^{\ominus}$ 为________ V。

4. 将 pH = 9 的强碱溶液与 pH = 5 的强酸溶液等体积混合，溶液的 pH 值为________。

5. NaCl 的熔点________于 MgO 的熔点。

6. 形成配合物的必要条件是：配体必须具有________，中心离子（或原子）必须有__________。

7. 碳酸氢盐的热稳定性________碳酸盐的热稳定性。

8. 实验室装烧碱溶液的试剂瓶用橡皮塞是因为____________________（用化学方程式表示）。

9. 公式 $K_a = c\alpha^2$ 表明：在一定温度下，同一弱电解质的____________________，即溶液越稀，解离度越________。

10. 分子间氢键的形成，可导致物质________、________偏高。

三、简答题（每小题 5 分，共 10 分）

1. 试写出 24 号元素 Cr 的电子分布式，并指明其价电子构型。

2. $Na_2S_2O_3$ 制剂为什么可作为氰化物或重金属离子中毒时的解毒剂？

四、完成并配平下列化学反应方程式（每小题 5 分，共 20 分）

1. $H_2O_2 + HI \longrightarrow$

2. $HCl + KMnO_4 \longrightarrow$

3. $Na_2S_2O_3 + HCl \longrightarrow$

4. $FeCl_3 + KSCN \longrightarrow$

五、计算题（每小题 10 分，共 20 分）

1. 已知：$K_{sp(AgCl)} = 1.8\times10^{-10}$，$K_{不稳,([Ag(NH_3)_2]^+)} = 8.91\times10^{-8}$，计算 AgCl 沉淀在 1.0mol/L 氨水中的溶解度。

2. 将锌片分别放入 $[Zn^{2+}]=1.0mol/L$，$[Zn^{2+}]=0.001mol/L$ 溶液中，并组成原电池，试写出原电池符号表示式，并计算原电池电动势。（已知：$\varphi^{\ominus}_{Zn^{2+}/Zn}=-0.76V$）

综合测试试题一答案

一、选择题（每小题 3 分，共 30 分）

1－5. CBBCD　6－10. ACDAA

二、填空题（每小题 2 分，共 20 分）

1. 正　无关

2. 给出质子　接受质子

3. 0.63

4. 7

5. 低

6. 孤对电子　空的价层轨道

7. 小于

8. $2NaOH + SiO_2 = Na_2SiO_3 + H_2O$

9. 解离度与其浓度的平方根成反比、大

10. 熔点、沸点

三、简答题（每小题5分，共10分）

1. 电子分布式：$1s^22s^22p^63s^23p^63d^54s^1$

价电子构型：$3d^54s^1$

2. （1）$Na_2S_2O_3$ 具有还原性，与氰化物的反应为：

$$Na_2S_2O_3 + NaCN = Na_2SO_3 + NaSCN$$

（2）$S_2O_3^{2-}$ 离子有很强的配位作用，能与许多金属形成稳定的配合物，在医药上可作重金属中毒时的解毒剂。

四、完成并配平下列化学反应方程式（每小题5分，共20分）

1. $H_2O_2 + 2HI = I_2 + 2H_2O$

2. $16HCl + 2KMnO_4 = 5Cl_2 + 2MnCl_2 + 8H_2O + 2KCl$

3. $Na_2S_2O_3 + 2HCl = S\downarrow + SO_2\uparrow + H_2O + 2NaCl$

4. $FeCl_3 + 6KSCN = K_3[Fe(SCN)_6] + 3KCl$

五、计算题（每小题10分，共20分）

1. 设 AgCl 沉淀在 1.0 mol/L 氨水中的溶解度为 x mol/L，溶解产生的 Ag^+ 完全生成配离子 $[Ag(NH_3)_2]^+$。根据反应式：

$$AgCl + 2NH_3 \rightleftharpoons [Ag(NH_3)_2]^+ + Cl^-$$

初始浓度/（mol/L）　　1.0

平衡浓度/（mol/L）　　$1.0 - 2x$　　x　　x

$$\because K = \frac{c([Ag(NH_3)_2]^+)\cdot c(Cl^-)}{c^2(NH_3)} = \frac{x\cdot x}{(1.0-2x)^2}$$

$$= \frac{K_{sp,(AgCl)}}{K_{不稳,[Ag(NH_2)_2]^+}} = \frac{1.8\times10^{-10}}{8.91\times10^{-8}}$$

$$=2.0\times10^{-3}$$

$$\therefore \frac{x^2}{(1.0-2x)^2} = 2.0\times10^{-3}$$

两边开方后可得

$$\frac{x}{1.0-2x} = 4.5\times10^{-2} \qquad x = 0.041\text{mol/L}$$

AgCl 沉淀在 1.0mol/L 氨水中的溶解度为 0.041mol/L

2. 对于 $[Zn^{2+}] = 1.0$mol/L 的电极，其电极电势即为标准电极电势（-0.76V）；$[Zn^{2+}] = 0.001$mol/L 的电极电势可根据能斯特方程式求得：

$\varphi_{Zn^{2+}/Zn} = \varphi^{\ominus}_{Zn^{2+}/Zn} + \frac{0.059}{n}\lg[Zn^{2+}]$

$= -0.76 + \frac{0.059}{2}\lg 0.001$

$= -0.85V$

可见，$[Zn^{2+}]$ 浓度大的电极电势大，为正极，浓度小的为负极，其原电池符号为：

$(-)Zn \mid Zn^{2+}(0.001mol/L) \parallel Zn^{2+}(1.0mol/L) \mid Zn(+)$

电池电动势 $E = \varphi_{正} - \varphi_{负} = -0.76 - (-0.85) = 0.09V$

综合测试试题二

一、选择题（每小题 2 分，共 20 分）

1. 已知：298K 时，反应

$C(石墨) + O_2(g) \rightarrow CO_2(g) \qquad \Delta_r H^{\ominus}_m = -393.5kJ/mol$

$CO(g) + 1/2O_2(g) \rightarrow CO_2(g) \qquad \Delta_r H^{\ominus}_m = -283.0kJ/mol$

则反应 $C(石墨) + 1/2O_2(g) \rightarrow CO(g)$ 的 $\Delta_r H^{\ominus}_m$ 等于（　　）。

A. 110.5kJ/mol　　B. −110.5kJ/mol　　C. −676.5kJ/mol　　D. 676.5kJ/mol

2. 已知反应 $A(g) + 2B(l) \rightleftharpoons 4C(g)$ 的平衡常数 $K^{\ominus} = 0.123$，则反应 $4C(g) \rightleftharpoons A(g) + 2B(l)$ 的平衡常数为（　　）。

A. 0.123　　B. −0.123　　C. 8.31　　D. 6.47

3. 根据下列反应：$2Fe^{3+} + Fe \longrightarrow 3Fe^{2+}$

$2FeCl_3 + Cu \longrightarrow 2FeCl_2 + CuCl_2$

$2KMnO_4 + 10FeSO_4 + 8H_2SO_4 \longrightarrow 2MnSO_4 + 5Fe_2(SO)_3 + K_2SO_4 + 8H_2O$

判断电极电势最大的电对是（　　）。

A. MnO_4^-/Mn^{2+}　　B. Fe^{3+}/Fe^{2+}

C. Fe^{2+}/Fe　　D. Cu^{2+}/Cu

4. BCl_3 分子中，B 以 sp^2 杂化轨道成键，则该分子的空间构型是（　　）。

A. 三角形　　B. 平面三角形　　C. 直线形　　D. 四面体

5. 对于主量子数 $n=3$ 的电子层，可以容纳的轨道数和电子数是（　　）。

A. 3 和 6　　B. 3 和 9　　C. 9 和 18　　D. 3 和 18

6. 在配合物 $K_3[CoCl_3(NO_2)_3]$ 中，中心离子的电荷是（　　）。

A. +5　　B. +4　　C. +3　　D. +2

7. 下列氧化物中，熔点最高的是（　　）。

A. CaO　　B. MgO　　C. SO_3　　D. P_2O_5

8. 原电池符号为：$(-)Zn \mid ZnSO_4(c_1) \parallel Fe_2(SO_4)_3(c_2), FeSO_4(c_3) \mid Pt(+)$ 若加氨水于锌电极溶液中，使 Zn^{2+} 生成锌氨配离子 $[Zn(NH_3)_4]^{2+}$，这时电池电动势将（　　）。

A. 增大　　B. 减小　　C. 不变　　D. 不能确定

9. 酸性溶液中，锰的元素电势图如下：

$$MnO_4^- \xrightarrow{0.56} MnO_4^{2-} \xrightarrow{2.26} MnO_2 \xrightarrow{0.95} Mn^{2+} \xrightarrow{1.51} Mn^{3+} \xrightarrow{-1.18} Mn$$

试判断发生歧化反应的物质是（　　）。

A. MnO_4^- 和 MnO_4^{2-}　　B. Mn^{3+} 和 Mn^{2+}

C. Mn^{3+} 和 MnO_4^{2-}　　D. MnO_2 和 Mn^{3+}

10. 以下分析报告是四种酸性未知溶液的定性分析结果，合理的是（　　）。

A. H^+，NO_2^-，MnO_4^-，CrO_4^{2-}　　B. Fe^{2+}，Mn^{2+}，SO_4^{2-}，Cl^-

C. Fe^{3+}，Ni^{2+}，I^-，Cl^-　　D. Fe^{2+}，SO_4^{2-}，Cl^-，$Cr_2O_7^{2-}$

二、填空题（每小空 2 分，共 20 分）

1. 配合物 K［$PtCl_3NH_3$］的名称是__________；内界是__________；外界是__________；中心离子的电荷数是__________。

2. 可逆反应中，当浓度熵 $Q < K_c$ 时，反应________进行；当浓度熵 $Q = K_c$ 时，反应________；当浓度熵 $Q > K_c$ 时，反应________进行。

3. 多原子分子的极性除了与__________有关，还与分子的________有关。

4. 某溶液的 pH 为 x，则 OH^- 浓度为__________。

三、判断题（每小题 1 分，共 10 分）

1. 温度越高，活化能就越大，反应速率也越快。（　　）

2. 氢卤酸除氢氟酸因分子缔合关系是弱酸外，其余全是强酸，它们的酸性强弱顺序是 HCl < HBr < HI。（　　）

3. 铜与浓 HNO_3 反应生成 NO_2，铜与稀 HNO_3 反应生成 NO，所以稀 HNO_3 的氧化性比浓 HNO_3 强。（　　）

4. 金刚石与石墨是同素异形体，由金刚石转变为石墨的 $\Delta_r H_m^\ominus > 0$。（　　）。

5. 硼酸是三元酸。（　　）

6. $KMnO_4$ 在酸、碱、受热、见光都不稳定。（　　）

7. 金属铁可与 $CuCl_2$ 溶液反应而置换出金属铜；金属铜也能与 $FeCl_3$ 溶液反应，但只能使 $FeCl_3$ 还原为 $FeCl_2$，而不能置换出金属铁。（　　）

8. 天平的感量是指针偏移一格时所需的毫克数。（　　）。

9. 电离能和电子亲和能都是只从一个方面反映孤立气态原子失去和获得电子的能力，电负性则反映了化合态原子吸引电子能力的大小。（　　）。

10. 配离子的 K 不稳愈大，其稳定性愈大，在溶液中愈不易解离。（　　）。

四、简答题（每小题 10 分，共 20 分）

1. 根据下列实验现象确定各字母所代表的物质。

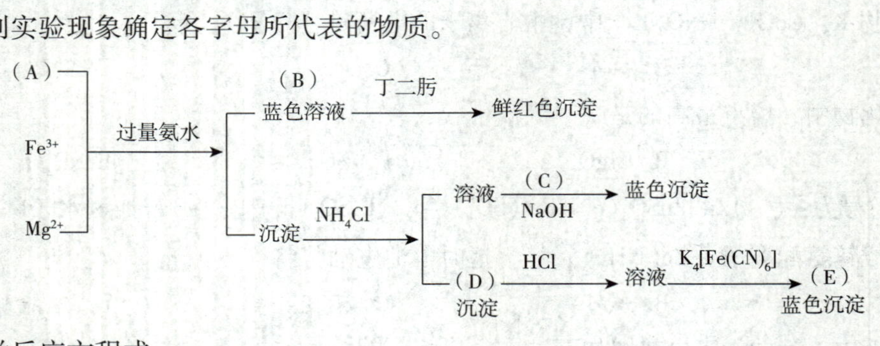

2. 配平化学反应方程式

A. C + HNO_4⟶

B. $Cr_2O_7^{2-}$ + H_2S + H^+⟶

五、计算题（每小题 10 分，共 20 分）

1. 1273K 时，反应 FeO(s)+ CO(g)⇌Fe(s)+ CO_2(g)的 K_c = 0.56。若 CO 的起始浓度为 0.05mol/L，CO_2 的起始浓度为 0.01mol/L 时，问

（1）反应物、生成物的平衡浓度各是多少？

（2）CO 的转化率是多少？

（3）增加 FeO 的量，对平衡有何影响？

2. 已知：$E^{\ominus}(Pb^{2+}/Pb) = -0.13V, E^{\ominus}(Sn^{2+}/Sn) = -0.14V$

判断反应 $Pb^{2+} + Sn \rightarrow Pb + Sn^{2+}$ 能否在下列条件下自发进行？

（1）$c(Pb^{2+}) = c(Sn^{2+}) = 1mol/L$；

（2）$c(Pb^{2+}) = 0.1mol/L, c(Sn^{2+}) = 2mol/L$.

六、推断题（10 分）

有一黑色铁的化合物固体 A，溶于 HCl 时可得浅绿色溶液 B，同时放出有腐败臭鸡蛋味的气体 C，若将此气体导入硫酸铜溶液中，可得黑色沉淀物 D。若将氯气通入 B 溶液中，则溶液变为黄色 E，再加几滴硫氰化钾，溶液变血红色 F。问 A、B、C、D、E、F 各为何物，并写出有关反应式。

综合测试试题二答案

一、选择题（每小题 2 分，共 20 分）

1－5. BCCBC　6－10. CBACB

二、填空题（30 分，每题 3 分）

1. 三氯一氨合铂（Ⅱ）酸钾，$[PtCl_3NH_3]^-$，K^+，+2.

2. 逆向；平衡；正向。

3. 分子组成，空间构型。

4. 10^{x-14}

三、判断题（每小题 1 分，共 10 分）

1－5. ×√×××　6－10. √√√√×

四、简答题（每小题 10 分，共 20 分）

1. (A) Ni^{2+}

　(B) $[Ni(NH_3)_6]^{2+}$

　(C) 镁试剂

　(D) $Fe(OH)_3$

　(E) $K_3[Fe(CN)_6]$

2. A. $3C + 4HNO_3 = 3CO_2\uparrow + 4NO\uparrow + 2H_2O$

　B. $Cr_2O_7^{2-} + 3H_2S + 8H^+ = 2Cr^{3+} + 3S\downarrow + 7H_2O$

五、计算题（每小题 10 分，共 20 分）

（1）设平衡时 CO 浓度减少了 $x$mol/L

$$FeO(s) + CO(g) \rightleftharpoons Fe(s) + CO_2(g)$$

初始浓度/（mol/L）　　0.05　　0.01

平衡浓度/（mol/L）　　$0.05-x$　　$0.01+x$

$$\frac{[CO_2]}{[CO]} = K_c$$

$$\frac{0.01+x}{0.05-x} = 0.56$$

$x = 0.01\text{mol/L}$

$[CO] = 0.05 - 0.01 = 0.04\text{mol/L}$

$[CO_2] = 0.01 + 0.01 = 0.02\text{mol/L}$

（2）CO 的转化率 $= \frac{0.01}{0.05} \times 100\% = 20\%$

（3）增加 FeO 的量，对平衡没影响。

2.（1）（4 分）$\because [Pb^{2+}] = [Sn^{2+}] = 1\text{mol/L}$

故标准状态下　$E^{\ominus} = \varphi_+^{\ominus} - \varphi_-^{\ominus} = -0.13 - (-0.14) = 0.01\text{V}$

∴ 反应能自发进行

（2）（6 分）由于 $E^{\ominus} < 0.2\text{V}$，故在非标态下反应方向需要根据能斯特方程进行计算后才能判断：

正极　$\varphi_{pb^{2+}/pb} = -0.13 + \frac{0.0592}{2}\lg\frac{0.1}{1} = -0.16\text{V}$

负极　$\varphi_{Sn^{2+}/Sn} = -0.14 + \frac{0.0592}{2}\lg\frac{2}{1} = -0.13\text{V}$

$$E^{\ominus} = \varphi_+^{\ominus} - \varphi_-^{\ominus} = -0.16 - (-0.13) = -0.03\text{V} \quad （4 分）$$

所以，在此条件下反应不能自发进行。（2 分）

六、推断题（10 分）

A、FeS；B、$FeCl_2$；C、H_2S；D、CuS；E、$FeCl_3$；F、$[Fe(SCN)_n]^{3-n}$。

反应方程式如下：

$FeS + 2HCl = FeCl_2 + H_2S\uparrow$；　　$Cu^{2+} + S^{2-} = CuS\downarrow$；

$2FeCl_2 + Cl_2 = 2FeCl3$；　　$Fe^{3+} + nSCN^- = [Fe(SCN)_n]^{3-n}$，（$n = 1 \sim 6$）

综合测试试题三

一、选择题（每小题 2 分，共 20 分）

1. 同一种元素一定具有相同的（　　）。

A. 电子数　　B. 中子数　　C. 质量数　　D. 质子数

2. 酸碱指示剂的变色范围为 pH =（　　）。

A. $Ka \pm 1$　　B. $pKa \pm 1$　　C. $\lg Ka \pm 1$　　D. $pKa \pm 10$

3. 下列化合物非极性分子的是（　　）。

A. CCl_4　　B. H_2O　　C. NH_3　　D. HCl

4. 下列分子偶极矩为零的是（　　）。

A. H_2O　　B. NH_3　　C. CO　　D. CO_2

5. 可逆反应 A(g) + B(g) $\rightleftharpoons$ C(g) + D(g)，在四种不同情况下的反应速率如下，其中反应进行得最快的是（　　）。

A. $v_A = 0.15mol/(L \cdot min)$　　B. $v_B = 0.6mol/(L \cdot min)$

C. $v_C = 0.4mol/(L \cdot min)$　　D. $v_D = 0.01mol/(L \cdot s)$

6. 下列溶液稀释 10 倍后，pH 值变化最小的是（　　）。

A. 1mol/L HAc　　B. 1 mol/L HAc 和 0.5mol/L NaAc

C. 1mol/L NH_3　　D. 1mol/L NH_4Cl

7. 在 1mol/L HAc 溶液中，欲使氢离子浓度增大，可采取下列何种方法（　　）。

A. 加水　　B. 加 NaAc　　C. 加 NaOH　　D. 0.1mol/L HCl

8. 欲配制 pH = 10.0 缓冲溶液应选用的一对物质是（　　）。

A. HAc($Ka = 1.8 \times 10^{-5}$) − NaAc　　B. HAc − NH_4Ac

C. $NH_3 \cdot H_2O$($K_b = 1.8 \times 10^{-5}$) − NH_4Cl　　D. KH_2PO_4 −Na_2HPO_4

9. 配制 I_2 标准溶液时，是将 I_2 溶解在（　）中。

A. 水　　B. KI 溶液　　C. HCl 溶液　　D. KOH 溶液

10. 下列现象中不属于化学变化的是（　　）。

A. 氯气溶于水形成氯水　　B. 形成酸雨

C. 活性炭使有色物质褪色　　D. 浓硫酸的脱水性

二、填空题（每小空 2 分，共 20 分）

1. $_6C$ 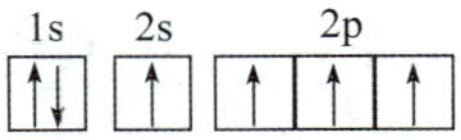

违反了__________，$_{24}Cr$ 的电子排布式为________________，它是第______周期，第______族。

2. 根据酸碱质子理论，NH_3 的共轭酸是______；C_6H_5OH、CH_3COOH 的共轭碱分别是______、______。

3. 氧化还原反应的本质是______________。

4. 能抵抗外加少量酸、碱或稀释而保持溶液的 pH 几乎不变的溶液称为______。

5. 将 0.1mol/L HAc 与 0.1mol/L 的 NaOH 等体积混合后，则溶液显______。

三、判断题（每小题 1 分，共 10 分）

1. S 电子云绕核旋转，其轨道为圆形，而 P 电子云是走"∞"字形的。（　　）

2. 化学键主要有离子键、共价键、金属键和氢键。（　　）

3. 元素的氧化数是表示元素所带的电荷数。（　　）

4. 能够使化学平衡发生移动的因素有浓度、温度、压力、催化剂。（　　）

5. 电离度和电离常数都能表示电离程度的强弱。（　　）

6. 酸碱质子理论认为凡能给出质子的物质是酸，凡能接受质子的物质是碱。（　　）

7. pH = 5 和 pH = 9 的两种溶液等体积混合后溶液呈中性。（　　）

8. 乙二胺四乙酸（EDTA）是多基配体。（　　）

9. 同离子效应的结果是使弱电解质的电离度减小。（　　）

10. Fe^{2+} 既可以是氧化态，也可以是还原态。（　　）

四、简答题（每小题 10 分，共 30 分）

1. 根据质子理论，什么是酸？什么是碱？什么是两性物质？各举例说明。

2. 计算：0.05mol/L 的 NaAc 的 pH 值。已知 Ka（HAc）$=1.8\times10^{-5}$

3. 完成反应式 $FeCl_3+KSCN \rightleftharpoons$ ______，并说明增加 $FeCl_3$ 的浓度，试管里溶液的颜色变深的原因。

五、计算题（每小题 10 分，共 20 分）

1. 求混合溶液 20ml 0.1mol/L NaAc 和 10ml 0.1mol/L HCl 的 pH 值？

2. 298K 时，测得如下原电池

$(-)Ag, AgCl(s)|Cl^-(1.0mol/L) \parallel Ag^+(1.0mol/L)|Ag(+)$ 的 $E_{MF}=0.5773V$。

（1）若已知 $E^\ominus(Ag^+/Ag)=0.7996V$，求 $E^\ominus(AgCl/Ag)$ 值。

（2）写出电池反应式，并计算其平衡常数 $K^\ominus$ 和 $K^\ominus_{sp}(AgCl)$

综合测试试题三答案

一、选择题（每小题 2 分，共 20 分）

1－5. DBADB　6－10. BDCBC

二、填空题（每小题 2 分，共 20 分）

1. 能量最低原理；$1s^22s^22p^63s^23p^63d^54s^1$；四；ⅥB

2. NH_4^+；$C_6H_5O^-$；CH_3COO^-

3. 电子发生转移并引起元素氧化数的变化

4. 缓冲溶液

5. 碱性

三、判断题（每小题 1 分，共 10 分）

1－5. ×××××　6－10. √×√×√

四、简答题（每小题 10 分，共 30 分）

1. 给出质子的物质是酸，如 HCl。接受质子的物质是碱，如 NaOH。既可以给出质子显示酸性、又可以接受质子显示碱性的物质，如 $NaHCO_3$。

2. $\because c/K_b=0.05/(K_w/K_A)=0.05\times1.8\times10^{-5}/10^{-14}>500$

又 $\because cK_b=0.05\times10^{-14}/1.8\times10^{-5}=2.8\times10^{-11}>20K_w$

$\therefore [OH^-]=\sqrt{cK_b}=5.27\times10^{-6}$

即：pOH = 5.28；pH = 8.72

3. 反应方程式 $FeCl_3+6KSCN \rightleftharpoons K_3[Fe(SCN)_6]$（血红色）$+3KCl$

因为增加 $FeCl_3$ 的量即反应物的浓度增大，使原来的化学平衡受到破坏，化学平衡向正反应方向移动，溶液里 $K_3[Fe(SCN)_6]$ 浓度增大，所以溶液的颜色加深。

五．计算题（每小题 10 分，共 20 分）

1. 20ml 0.1mol/L NaAc 和 10ml 0.1mol/L HCl 混合后的 pH 值。

混合后，过量的 NaAc 和生成的 HAc 组成缓冲。溶液中：

$c(Ac^-)=\frac{0.1mol/L\times0.02L-0.1mol/L\times0.01L}{0.03L}=\frac{1}{30}mol/L$

$c(HAc)=\frac{0.1mol/L\times0.01L}{0.03L}=\frac{1}{30}mol/L$

$pH=pK_a^\ominus+\lg\frac{c(Ac^-)}{c(HAc)}=4.76$

2. （1）$E_{MF}^\ominus=E^\ominus(+)-E^\ominus(-)=E^\ominus(Ag^+/Ag)-E^\ominus(AgCl/Ag)$

$E^\ominus(AgCl/Ag)=0.7996-0.5773=0.2223V$

（2）电极反应式为：$Ag^++Cl^-\rightleftharpoons AgCl(s)$

$\lg K^\ominus=\frac{nE_{MF}^\ominus}{0.0592}=\frac{1\times0.5773}{0.0592}=9.751$　　$K^\ominus=5.64\times10^9$

由于电池反应是AgCl沉淀溶解平衡的逆平衡，所以电池反应平衡常数的倒数就是AgCl溶度积常数。$K_{SP}^\ominus(AgCl)=1/K^\ominus=1.77\times10^{-10}$

综合测试试题四

一、选择题（每小题2分，共20分）

1. 元素的化学性质与原子结构中的（　　）有关

A. 质子数　　B. 中子数　　C. 电子层　　D. 价电子构型

2. 下列化合物极性分子的是（　　）。

A. CCl_4　　B. H_2O　　C. CO_2　　D. N_2

3. 配离子与外界离子间的化学键是（　　）。

A. 离子键　　B. 极性共价键　　C. 非极性共价键　　D. 配位键

4. 下列物质中，分子间有氢键形成的是（　　）。

A. HCl　　B. H_2　　C. CH_4　　D. NH_3

5. 血浆中最重要的缓冲对是（　　）。

A. $H_2CO_3-NaHCO_3$　　B. $H_2CO_3-KHCO_3$

C. $CH_3COOH-CH_3COONa$　　D. $NaH_2PO_4-NaHPO_4$

6. 下列为弱电解质的是（　　）。

A. CH_3COOH　　B. CH_3COONa　　C. NaCl　　D. HCl

7. 放热反应$2NO(g)+O_2(g)=2NO_2(g)+Q$达平衡后，若分别采取①增加压力；②减少NO_2的分压；③增加O_2分压；④升高温度；⑤加入催化剂，能使平衡向产物方向移动的是（　　）。

A. ①②③　　B. ②③④　　C. ③④⑤　　D. ①②⑤

8. 某酸碱指示剂的$K_{Hn}=1.0\times10^{-5}$，则从理论上推算其变色范围是（　　）。

A. 4～5　　B. 5～6　　C. 4～6　　D. 5～7

9. 欲配制pH=5.0缓冲溶液应选用的一对物质是（　　）。

A. $HAc(K_a=1.8\times10^{-5})-NaAc$　　B. $HAc-NH_4Ac$

C. $NH_3\cdot H_2O(K_b=1.8\times10^{-5})-NH_4Cl$　　D. $KH_2PO_4-Na_2HPO_4$

10. HAc－NaAc缓冲溶液pH值的计算公式为（　　）。

A. $[H^+]=\sqrt{K_{HAc}\cdot c\ (HAc)}$　　B. $[H^+]=K_{HAc}\cdot\dfrac{c\ (HAc)}{c\ (NaAc)}$

C. $[H^+]=\sqrt{K_{a1}\cdot K_{a2}}$　　D. $[H^+]=c(HAc)$

二、填空题（每小空 2 分，共 20 分）

1. 分别处于核外 $3p_x$ 和 $3p_y$ 轨道的电子，它们所处的________和________相同，它们的________不同。
2. NH_4^+ 子中除了普通共价键外还存在__________键。
3. 酸碱指示剂的理论变色范围________。
4. 水分子之间存在着质子的传递作用，称为水的________作用，这个作用的平衡常数在 25℃时等于________。
5. 因一个质子的得失而相互转变的一对酸碱，称为________。它的 K_a 与 K_b 的关系是________。
6. EDTA 的化学名称为________。

三、判断题（每小题 1 分，共 10 分）

1. 具有极性键的分子一定是极性分子。（　　）
2. 由于同一周期主族元素的电子层数相同，但从左到右核电荷数依次增大，原子半径逐渐减小，所以原子失电子能力逐渐减弱，得电子能力逐渐增强。（　　）
3. 可逆反应达到平衡时，反应就停止了。（　　）
4. 将 0.1mol/L HAc 稀释为 0.05mol/L 时，H^+ 浓度也减小为原来的一半。（　　）
5. H_2CO_3–CO_3^{2-} 是共轭酸碱对。（　　）
6. 酸碱指示剂的变色与溶液的酸度有关，具有一定的 pH 范围。（　　）
7. pH = 5 和 pH = 9 的两种溶液等体积混合后溶液呈中性。（　　）
8. 升温只能增大吸热反应的速率。（　　）
9. 在卤化氢的水溶液中氢氟酸的酸性最强。（　　）
10. pH = 1 的溶液酸性最强，pH = 14 的溶液碱性最强。（　　）

四、简答题（每小题 10 分，共 20 分）

1. 完成下列方程式配平

（1）__ $KMnO_4$ + __ $H_2C_2O_4$ + __ H_2SO_4 $\longrightarrow$ __ $MnSO_4$ + __ K_2SO_4 + __ CO_2 + __ H_2O

（2）__ $K_2Cr_2O_7$ + __ KI + __ HCl $\longrightarrow$ __ $CrCl_3$ + __ KCl + __ I_2 + __ H_2O

（3）__ Cu + __ HNO_3 $\longrightarrow$ __ $Cu(NO_3)_2$ + __ NO + __ H_2O

2. $BaSO_4$ 是难溶性的盐，为什么可以口服用于肠胃道造影？

五．计算题（每小题 10 分，共 30 分）

1. 求 20ml 0.1mol/L NaAc 和 10ml 0.1mol/L HCl 混合溶液的 pH 值。
2. 反应 $CO_2+H_2 \rightleftharpoons CO+H_2O$ 在某一温度下达到平衡时 $[CO_2]=[H_2]=0.44mol/L$，$[CO]=[H_2O]=0.56mol/L$，求此温度下的平衡常数（K_c）及开始时 CO_2 和 H_2 的浓度。
3. 欲配制 pH = 5 的缓冲溶液，试计算在 100ml 的 0.1mol/L HAc 溶液中加入 0.1mol/L NaOH 溶液多少毫升？

综合测试试题四答案

一、选择题（每小题2分，共20分）

1－5. DBADA　6－10. AACAB

二、填空题（每小空2分，共20分）

1. 电子层；电子亚层；电子云的伸展方向
2. 配位
3. $pK_{HIn}+1$
4. 质子自递；1×10^{-14}
5. 共轭酸碱对；$K_aK_b=K_w$
6. 乙二胺四乙酸

三、判断题（每小题1分，共10分）

1－5. ×√×××　6－10. √××××

四、简答题（每小题10分，共20分）

1. 完成下列方程式并配平

（1）$2KMnO_4+5H_2C_2O_4+3H_2SO_4=2MnSO_4+K_2SO_4+10CO_2+8H_2O$

（2）$K_2Cr_2O_7+6KI+14HCl=2CrCl_3+8KCl+3I_2+7H_2O$

（3）$3Cu+8HNO_3=3Cu(NO_3)_2+2NO+4H_2O$

2. 硫酸钡可阻止X线穿透，可用于胃肠道造影，常制成硫酸钡合剂使用。在硫酸钡合剂中含有一种高分子化合物（阿拉伯胶）对硫酸钡溶胶起着保护作用。

五、计算题（每小题10分，共20分）

1. 混合后，过量的NaAc和生成的HAc组成缓冲溶液。溶液中：

$$c(Ac^-)=\frac{0.1mol/L\times0.02L-0.1mol/L\times0.01L}{0.03L}=\frac{1}{30}mol/L$$

$$c(HAc)=\frac{0.1mol/L\times0.01L}{0.03L}=\frac{1}{30}mol/L$$

$$pH=pK_a^\ominus+\lg\frac{c(Ac^-)}{c(HAc)}=4.76$$

2. 化学反应方程式　　$CO_2+H_2\rightleftharpoons CO+H_2O$

化学平衡时（mol/L）　0.44　0.44　0.56　0.56

$$K^\ominus=\frac{[CO][H_2O]}{[CO_2][H_2]}=\frac{0.56\times0.56}{0.44\times0.44}=1.62$$

CO_2 和 H_2 的初始浓度均为 $0.44+0.56=1.00mol/L$

3. 因为发生酸碱中和反应，且被中和HAc的量等于生成Ac^-的量，等于加入NaOH的量。

设：需加入NaOH溶液为$x$ml，V为缓冲溶液体积即 $V=100ml+x ml$

$$HAc+OH^-\rightleftharpoons Ac^-+H_2O$$

反应后平衡浓度：　$\frac{0.1(100-x)}{V}$　$\frac{0.1x}{V}$

依据 $pH = pK_a^{\ominus} + \lg \frac{c(\text{共轭碱})}{c(\text{共轭酸})}$ 得：

$$5 = 4.75 + \lg \frac{c(Ac^-)}{c(HAc)} = 4.75 + \lg \frac{x}{(100 - x)}$$

$$1.78 = \frac{x}{(100 - x)}$$

$x = 64ml$

综合测试试题五

一、选择题（每小题 2 分，共 20 分）

1. pH = 5 和 pH = 10 的溶液，它们的氢离子浓度相差的倍数是（　　）。

A. 5 倍　　B. 10 倍　　C. 1000 倍　　D. 100000 倍

2. 向醋酸的溶液中，加入下列物质产生同离子效应的是（　　）。

A. NaAc　　B. Na_2CO_3　　C. NaOH　　D. NH_4Cl

3. 下列为弱电解质的是（　　）。

A. HAc　　B. NaAc　　C. NaOH　　D. $(NH_4)_2SO_4$

4. 对铝离子 $^{27}_{13}Al^{3+}$ 叙述错误的是（　　）。

A. 核电荷数为 13　　B. 核外电荷数为 13　　C. 质量数为 27　　D. 中子数为 14

5. 20℃时 100g 水最多溶解 36g 氯化钠，那么 50g 饱和氯化钠溶液的质量分数是（　　）。

A. 0.36　　B. 0.18　　C. 0.265　　D. 0.728

6. 配合物 $K_3[Fe(CN)_6]$ 的中心离子是（　　）。

A. K^+　　B. Fe^{2+}　　C. Fe^{3+}　　D. CN^-

7. 下列各组物质按等物质的量混合配成溶液后，其中不是缓冲溶液的是（　　）。

A. $NaHCO_3$ 和 Na_2CO_3　　B. NaCl 和 NaOH

C. NH_3 和 NH_4Cl　　D. HAc 和 NaAc

8. 已知 NH_3 水的 $pK_b^{\ominus} = 4.76$，H_3PO_4 的 $pK^{\ominus} = 2.16$，$pK_{a2}^{\ominus} = 7.21$，$pK_{a3}^{\ominus} = 12.32$，欲配制 pH = 9.00 的缓冲溶液，可选择的缓冲对是（　　）。

A. NH_3–NH_4Cl　　B. H_3PO_4–NaH_2PO_4

C. NaH_2PO_4–Na_2HPO_4　　D. Na_2HPO_4–Na_3PO_4

9. 相同浓度的下列溶液，pH 值最小的是（　　）。

A. NH_4Ac　　B. Na_3PO_4

C. NaH_2PO_4　　D. Na_2HPO_4

10. 稀溶液的依数性是________。

A. Δp、T_b、T_f、$\Delta\pi$　　B. Δp、ΔT_b、ΔT_f、$\Delta\pi$

C. p、T_b、T_f、$\Delta\pi$　　D. p、ΔT_b、ΔT_f、$\Delta\pi$

二、填空题（每小空 2 分，共 20 分）

1. 核外电子的运动状态从________、________、________和________四个方面来描述。

2. 酸碱质子论中，酸给出质子后变为________，酸碱的这种关系称为________。

3. 配合物$[Cu(NH_3)_4]SO_4$的名称为________________，中心离子的氧化数为________，配位数为________，配位原子为________。

三、判断题（每小题1分，共10分）

1. 具有极性键的分子一定是极性分子。（　　）

2. 浓度和压强的变化既能引起平衡移动，又能改变平衡常数。（　　）

3. 若 pH = 0，则表示溶液中的 $[H^+]$ = 0mol/L。（　　）

4. 将 pH = 6 的溶液稀释 100 倍后，溶液的 pH = 8。（　　）

5. 在 $S_2O_8^{2-}$ 和 SO_4^{2-} 中，S 的氧化数相等。（　　）

6. 因为 NaCl、NH_4Ac 不水解，所以其水溶液显中性。（　　）

7. 渗透压相等的两种溶液就是等渗溶液。（　　）

8. 临床上用的生理盐水是指浓度为 0.154mol/L 的氯化钠溶液。（　　）

9. 胶体是一种胶状物质。（　　）

10. 老年的特殊标志是皱纹，其原因是有机体失去了膨润能力。（　　）

四、简答题（每小题10分，共30分）

1. 血细胞在 3mol/L 的盐水中会逐渐萎缩，试分析其原因。

2. 怎样判断能否生成沉淀或沉淀能否溶解？

3. 反应 $N_2(g) + 3H_2(g) \rightleftharpoons 2NH_3(g)$，在一定温度下达到平衡状态，系统内 $n(N_2) = 4mol$，$n(H_2) = n(NH_3) = 1mol$。保持系统温度及压力不变的条件下，向系统内加入 1mol $N_2(g)$。试判断平衡将如何移动。

五. 计算题（每小题10分，共20分）

1. 阿司匹林的有效成分是乙酰水杨酸 $HC_9H_7O_4$，其 $K^\ominus = 3.0 \times 10^{-4}$。在水中溶解 6.5g 乙酰水杨酸，最后稀释至 650ml，计算该溶液的 pH。

2. 欲配制 500ml pH 为 5.00 的缓冲溶液，问在 250ml 1.0mol/L NaAc 溶液中，应加入多少毫升 6.0mol/L HAc 溶液？（已知 $pK_a^\ominus = 4.76$）

综合测试试题五答案

一、选择题（每小题2分，共20分）

1－5. DAABC　6－10. CBACB

二、填空题（每小空2分，共20分）

1. 电子层；电子亚层；电子云的伸展方向；电子的自旋

2. 共轭碱；共轭关系

3. 硫酸四氨合铜（Ⅱ）；+2；4；N

三、判断题（每小题1分，共10分）

1－5. ×××××　6－10. ××√×√

四、简答题（每小题10分，共30分）

1. 3mol/L 的盐水属于高渗溶液，所以血细胞在其中会萎缩，其原因是血细胞的细胞膜具有半透膜的性质，当把它放到高渗盐水中时，细胞内溶液浓度小于高渗盐水的浓度，故细胞内的水会通过细胞膜向盐水中扩散，其结果是细胞逐渐萎缩。

2. 根据溶度积规则进行判断：当 $Q=K_{sp}^{\ominus}$ 时，溶液是饱和溶液，即达到沉淀－溶解平衡状态。当 $Q<K_{sp}^{\ominus}$ 时，溶液是不饱和溶液，无沉淀析出；若体系中有固体存在，固体继续溶解，直至达新的平衡（饱和）为止。当 $Q>K_{sp}^{\ominus}$ 时，溶液是过饱和溶液，沉淀从溶液中析出，直至饱和为止。

3. 若总压力为 p（kPa），$p(NH_3)=\frac{1}{6}p, p(H_2)=\frac{1}{6}p, p(N_2)=\frac{4}{6}p$，

则 $K^{\ominus}=9[p^{\ominus}/p]^2, Q_c=9.8[p^{\ominus}/p]^2>K^{\ominus}$；平衡逆向移动。

五、计算题（每小题 10 分，共 20 分）

1. 已知 $c=\frac{6.5}{180\times0.65}=0.056\text{mol/L}, K_a^{\ominus}=3.0\times10^{-4}$

$\because c\cdot K_a^{\ominus}=1.68\times10^{-5}>20K_w^{\ominus}, \frac{c}{K_w^{\ominus}}=\frac{0.056}{3.0\times10^{-4}}=186.7<500$

∴ 需用近似公式计算

$$[H^+]=-\frac{K_a^{\ominus}}{2}+\sqrt{-\frac{K_a^{\ominus}}{2}+c\cdot K_a^{\ominus}}=4.0\times10^{-3}$$

$pH=-\lg[H^+]=-\lg(4.0\times10^{-3})=2.40$

2. 设需要加入 Vml 的 HAc 溶液。

$$pH=pK_a^{\ominus}+\lg\frac{c(\text{共轭碱})}{c(\text{共轭酸})}=4.76+\lg\frac{c(Ac^-)}{c(HAc)}=5.00$$

$$\frac{c(Ac^-)}{c(HAc)}=\frac{n(Ac^-)}{n(HAc)}=1.74$$

$(250\text{ml}\times0.1\text{mol/L})/(6.0\text{mol/L}\times V)=1.74$

$V=24\text{ml}$

∴ 量取 250ml 1.0mol/L NaAc 溶液和 24ml 6.0mol/L HAc 溶液混合，加水稀释至 500ml